高等院校信息技术应用型规划教材

产品设计表现技法
Photoshop 和 CorelDRAW

杜鹤民 / 主编
王伟伟 张淑梅 / 副主编

清华大学出版社
北京

内 容 简 介

本书以 Photoshop 和 CorelDRAW 两大著名图形图像处理软件为载体介绍产品设计表现技法。全书共 7 章，包括产品设计表现与计算机辅助设计的关系，Photoshop 和 CorelDRAW 软件的操作基础，运用耐克鞋和玛莎拉蒂汽车两个案例讲解了图像软件进行产品设计表达的流程和技法，通过保时捷跑车和佳能相机两个案例讲解了运用 CorelDRAW 矢量图形软件进行产品设计表达的流程和技巧。附录中给出了 Photoshop 和 CorelDRAW 软件的常用快捷键。

本书既可作为本科生产品设计、工业设计专业的计算机辅助设计课程、产品设计表现技法课程的教材，也可作为相关专业学生及设计爱好者自学用书。

本书封面贴有清华大学出版社防伪标签，无标签者不得销售。
版权所有，侵权必究。举报：010-62782989，beiqinquan@tup.tsinghua.edu.cn。

图书在版编目(CIP)数据

产品设计表现技法：Photoshop 和 CorelDRAW/杜鹤民主编. —北京：清华大学出版社，2017(2024.8重印)
（高等院校信息技术应用型规划教材）
ISBN 978-7-302-46607-9

Ⅰ. ①产… Ⅱ. ①杜… Ⅲ. ①产品设计－计算机辅助设计－应用软件－高等学校－教材 Ⅳ. ①TB472-39

中国版本图书馆 CIP 数据核字(2017)第 031336 号

责任编辑：刘翰鹏
封面设计：常雪影
责任校对：李　梅
责任印制：沈　露

出版发行：清华大学出版社
　　　网　　址：https://www.tup.com.cn，https://www.wqxuetang.com
　　　地　　址：北京清华大学学研大厦 A 座　　　　邮　编：100084
　　　社　总　机：010-83470000　　　　　　　　　　邮　购：010-62786544
　　　投稿与读者服务：010-62776969，c-service@tup.tsinghua.edu.cn
　　　质量反馈：010-62772015，zhiliang@tup.tsinghua.edu.cn
　　　课件下载：https://www.tup.com.cn，010-83470410

印 装 者：天津鑫丰华印务有限公司
经　　销：全国新华书店
开　　本：185mm×260mm　　　印　张：19.75　　　字　数：474 千字
版　　次：2017 年 4 月第 1 版　　　　　　　　　　印　次：2024 年 8 月第 7 次印刷
定　　价：56.00 元

产品编号：073266-02

　　产品设计表现技法是产品设计和工业设计专业要求掌握的基本技能,是产品设计的前提和基础,优秀的创意需要扎实的表现技法来传情达意。传统的产品设计表现以手绘表达为主,优秀的产品设计师往往具有扎实的手绘基本功,通过铅笔、色粉、水粉和马克笔等绘图工具惟妙惟肖地表达设计创意。

　　随着信息化时代的到来,计算机辅助工业设计已经在高等教育中普及开来,但是对于计算机设计软件的认识和计算机辅助设计课程的教学内容却存在着较大的争议。传统的设计手绘表达不受时间、设备、条件约束,可以方便、自由、随意地捕捉闪现的设计灵感,将模糊、混沌的灵感思维转换为形象的产品形态。与手绘相比,计算机绘图则具有图面精致美观、信息量大、修改方便等诸多明显的表现优势,是方案确定后设计创意呈现的最佳手段。明确了设计手绘和计算机辅助设计的各自优势与运用阶段,才能在设计表现教学中突出教学重点,把握学习方向。

　　在当前的计算机设计软件教学方面,受专业背景限制,很多学校往往只是系统地讲授菜单和工具,学生最后的作业也与专业要求相脱节,在软件学习上往往事倍功半。正是基于这样的考虑,本书从创意表现的角度,对 Photoshop 和 CorelDRAW 软件在产品设计表现方面的运用技巧进行了较为详细的论述。

　　美国 Adobe 公司的 Photoshop 和加拿大 Corel 公司的 CorelDRAW 是目前最为流行的两大著名绘图软件。Photoshop 在图像处理方面具有强大的功能,而 CorelDRAW 在矢量图形绘制方面表现优异。与目前常见的图形图像教材相比较,本书在介绍基本工具和基本使用功能的基础上,通过若干个完整的教学案例全面展示了两大软件在产品设计表现中的具体运用步骤和技巧,步骤详尽、细致,完全可以满足教学和设计爱好者自学的使用需求。

　　本书为便于学习,配套了实例素材和教学课件,可以从清华大学出版社网站下载。同时,书中的重点图片均以二维码扩展资源方式提供效果图,可以通过手机中"扫一扫"功能下载观看。

　　本书由西安工业大学杜鹤民负责统筹和定稿,陕西科技大学王伟伟、西安工业大学张淑梅参与撰写,并完成部分了实例制作。

　　因作者水平有限,本书难免有疏漏之处,恳请大家多多批评指正。

编　者
2016 年 12 月

目录 CONTENTS

第1章 产品设计表现与计算机辅助设计 ... 1

1.1 产品设计表现 ... 1
- 1.1.1 产品设计表现的重要性 ... 1
- 1.1.2 产品设计表现的方法 ... 2

1.2 计算机辅助工业设计 ... 2
- 1.2.1 计算机辅助设计表现的特点和优势 ... 2
- 1.2.2 计算机辅助设计表现和传统手绘设计表现的关系 ... 3

1.3 CAID 软件介绍 ... 4
- 1.3.1 二维 CAID 软件 ... 4
- 1.3.2 三维 CAID 软件 ... 4

1.4 Photoshop 和 CorelDARW 软件 ... 5
- 1.4.1 图像处理软件——Photoshop ... 5
- 1.4.2 图形设计软件——CorelDRAW ... 6
- 1.4.3 关于点阵和矢量 ... 6

第2章 Photoshop 产品设计表现基础 ... 8

2.1 Photoshop CS6 界面布局 ... 8
- 2.1.1 工具箱 ... 8
- 2.1.2 菜单栏 ... 10
- 2.1.3 控制面板 ... 10
- 2.1.4 联机帮助的使用 ... 10

2.2 基本概念 ... 11
- 2.2.1 分辨率 ... 11
- 2.2.2 颜色通道和颜色模式 ... 13
- 2.2.3 位深度 ... 13
- 2.2.4 常见图像文件格式 ... 14
- 2.2.5 文件自动备份 ... 15

2.3 图层、通道和路径 ... 16
- 2.3.1 图层 ... 16

　　　　2.3.2　通道 ………………………………………………… 28
　　　　2.3.3　路径 ………………………………………………… 39
　2.4　常用工具综合训练 ……………………………………………… 41
　　　　2.4.1　画笔工具 …………………………………………… 42
　　　　2.4.2　渐变工具 …………………………………………… 45
　　　　2.4.3　文字特效 …………………………………………… 59
　　　　2.4.4　质感表现 …………………………………………… 70

第3章　Photoshop CS6 产品设计表现实例一——耐克运动鞋 ………… 78
　3.1　运动鞋表现分析 ………………………………………………… 78
　3.2　绘制运动鞋的基本外形 ………………………………………… 78
　3.3　绘制鞋帮 ………………………………………………………… 81
　　　　3.3.1　制作鞋帮的基本效果 ……………………………… 81
　　　　3.3.2　制作鞋帮主体的质感效果 ………………………… 85
　　　　3.3.3　制作鞋舌效果 ……………………………………… 89
　　　　3.3.4　制作鞋带效果 ……………………………………… 93
　　　　3.3.5　鞋后帮的质感表现 ………………………………… 98
　　　　3.3.6　内里质感表现 ……………………………………… 98
　3.4　绘制鞋底 ………………………………………………………… 101
　3.5　运动鞋细节完善 ………………………………………………… 106
　　　　3.5.1　添加鞋帮尾部 PU 效果 …………………………… 106
　　　　3.5.2　鞋舌细部表现 ……………………………………… 108
　　　　3.5.3　调整鞋底细节 ……………………………………… 109
　　　　3.5.4　细节调整完成 ……………………………………… 111

第4章　Photoshop CS6 产品设计表现实例二——玛莎拉蒂汽车 ……… 112
　4.1　玛莎拉蒂汽车表现分析 ………………………………………… 112
　4.2　绘制汽车的基本外形 …………………………………………… 113
　4.3　绘制汽车车窗 …………………………………………………… 114
　4.4　绘制引擎盖 ……………………………………………………… 119
　4.5　绘制进气格栅 …………………………………………………… 125
　4.6　绘制汽车侧面 …………………………………………………… 130
　4.7　绘制汽车前脸 …………………………………………………… 137
　4.8　绘制汽车轮胎 …………………………………………………… 146
　　　　4.8.1　绘制轮毂 …………………………………………… 146
　　　　4.8.2　绘制轮胎胎纹 ……………………………………… 153
　　　　4.8.3　绘制右侧轮胎 ……………………………………… 157
　　　　4.8.4　绘制左侧后轮 ……………………………………… 160
　4.9　绘制汽车车灯 …………………………………………………… 165
　4.10　绘制汽车内饰 ………………………………………………… 171

	4.11	绘制汽车倒后镜	175
	4.12	整体细节调整	177
	4.12.1	车身部分的细节修饰	177
	4.12.2	门把手细节	180
	4.12.3	内侧翼子板装饰细节	181
	4.12.4	内侧车窗细节	182
	4.12.5	内侧前轮刹车盘细节	183
	4.12.6	车顶质感调整	184
	4.12.7	前脸细节	184
	4.12.8	添加玛莎拉蒂车标	189

第 5 章　CorelDRAW 产品设计表现基础　195

- 5.1 CorelDRAW 界面布局 195
- 5.2 CorelDRAW 基本操作 196
  - 5.2.1 菜单栏 196
  - 5.2.2 对象管理器 197
  - 5.2.3 轮廓和填充 199
  - 5.2.4 转换为曲线 203
- 5.3 文字排版 205
  - 5.3.1 美工字和段落文本 205
  - 5.3.2 使文本适合路径 205
  - 5.3.3 图形文本框 207
- 5.4 图形绘制 207
  - 5.4.1 贝塞尔工具 208
  - 5.4.2 卡通形象绘制 209
- 5.5 CorelDRAW 产品设计质感表现 214
  - 5.5.1 自然质感表现 215
  - 5.5.2 金属质感表现 217

第 6 章　CorelDRAW X6 产品设计表现实例———法拉利跑车　221

- 6.1 跑车表现分析 221
- 6.2 绘制跑车车身 222
  - 6.2.1 绘制跑车车身基本轮廓 222
  - 6.2.2 绘制跑车车身侧窗 223
  - 6.2.3 绘制跑车车身腰线 227
  - 6.2.4 绘制车身进气道及车门 230
  - 6.2.5 绘制倒后镜 232
  - 6.2.6 绘制轮眉 233
  - 6.2.7 绘制车头中网 233
  - 6.2.8 绘制车尾保险杠 236

	6.2.9	绘制车灯效果 ……………………………………	238
6.3		绘制跑车车轮 …………………………………………	241
6.4		跑车整体效果细化 ……………………………………	247

第 7 章 CorelDRAW X6 产品设计表现实例二——单电相机 ………………………… 253

7.1		CorelDRAW 相机表现分析 …………………………	253
7.2		绘制相机机身 …………………………………………	254
7.3		绘制镜头效果 …………………………………………	261
7.4		机身细节表现 …………………………………………	268
	7.4.1	制作镜头底座 ………………………………	268
	7.4.2	制作机身按钮 ………………………………	272
	7.4.3	制作顶部闪光灯靴座 ………………………	282
7.5		镜头细节表现 …………………………………………	284
7.6		整体装饰细节表现 ……………………………………	287
	7.6.1	机身装饰细节表现 …………………………	287
	7.6.2	镜头装饰细节表现 …………………………	289
7.7		整体效果调整 …………………………………………	291

附录 1　Photoshop CS6 快捷键 ……………………………………………… 293

附录 2　CorelDRAW X6 快捷键 ……………………………………………… 300

参考文献 …………………………………………………………………………… 305

Chapter 1 第1章 产品设计表现与计算机辅助设计

1.1 产品设计表现

产品设计表现是设计过程中将设计构思转化为可视形象的特殊语言。娴熟的设计表现能力既是产品设计师表达想象力和创造力的一种最便捷的方法,也是设计师进行设计、与客户和受众沟通、展现设计成果而应掌握的一种基本技能。

1.1.1 产品设计表现的重要性

如图 1-1 所示,一个完整的产品开发设计流程由以下几个阶段构成:计划阶段、发想阶段、深入阶段和实施阶段。其中,从发想阶段到深入阶段,再到实施阶段,设计表现都占据重要地位。发想阶段需要设计草图来捕捉和表达设计师的灵感,产品设计表现用于设计师的自我反省或团队中设计师之间的沟通交流;在深入阶段,一是需要在进一步完善的基础上绘制设计方案的草图;二是在方案完善的基础上绘制效果图,并实现与客户的交流和沟通;在实施阶段,

阶段	项目	说明
计划阶段	产品认知	理解设计对象的内容和背景
	市场调查	收集并分析相关市场信息
	设计定位	形成开发概念
发想阶段	创意发想	设计草图及草模
	方案评估	集中整理方案
深入阶段	方案提出	整理、汇总草图
	方向定位	确定造型方向及创意思想,分析实施的可行性
	深入设计	细部设计,整体调整,完成效果图
实施阶段	尺寸定位	外观尺寸定位
	结构设计	确定内部结构,完成工程图设计
	模具设计	打样分析调整
	投入生产	

图 1-1 产品开发设计流程

需要绘制产品工程图。在整个过程中,草图绘制、效果图表现和工程图设计都属于设计表现的内容。由此可知,在产品开发过程中,离开设计表现的产品开发设计是不可能实现的。

1.1.2 产品设计表现的方法

产品设计表现方法随着技术的发展而不断发展,如图1-2所示,分为传统表现方法和数字表现方法两大类。传统表现方法以手工方式为主,包括手绘草图、手绘效果图、文字、影像等;数字表现方法以计算机技术为基础,包括计算机效果图、计算机动画、三维打印等。

	手段	形式	性质	
传统表现	文字、图像、表格	平面:草图、效果图、报告书、展板	实物	常用
	影像(音视频)	影像:录像带、录音带	模拟	不常用
	实体模型	立体:各种材料的模型、样机	实物	常用
数字表现	文字、图像、表格	计算机效果图、二维动画、三维动画交互式虚拟展示、三维数字模型三维打印	数字载体	越来越普及
	影像(音视频)			
	三维数字模型			

图1-2 设计表现方法比较

对于工业产品造型表现而言,无论采取何种表现方式,其根本目的都是快速、高效、准确地传达设计思路,表现设计效果。比较而言,在新的技术条件下,传统的手工效果图表现技法,如马克笔、水粉、水彩、色粉、喷笔等写实表现技法,正在被更加逼真的计算机辅助设计表现方法所取代,但这并不表示传统的手绘表现训练可以消失;就灵感捕捉而言,传统手绘草图快速表现的优势远大于计算机绘图,因此,产品设计表现需要在新的时代背景下实现两者的有机融合。

1.2 计算机辅助工业设计

计算机辅助工业设计(Computer Aided Industrial Design,CAID)是指利用计算机及其图形设备帮助设计人员进行设计,它是计算机技术不断发展的结果。20世纪80年代,计算机辅助设计技术出现,开始应用于工程设计领域。进入21世纪,在艺术设计领域,计算机辅助设计的优势逐渐显现,目前以Photoshop、CorelDRAW、3DS Max、Rhino、Pro/E等为代表的二维、三维计算机辅助设计软件在工业设计、产品设计、视觉传达设计、环境设计等艺术设计领域被广泛应用。与传统的设计表现手法相比,CAID在设计方法、设计过程、设计质量和设计效率等各方面都发生了质的变化,它涉及CAD技术、人工智能技术、多媒体技术、虚拟现实技术、敏捷制造技术、优化技术、模糊技术、人机工程等信息技术领域,是一门综合的交叉性学科。

1.2.1 计算机辅助设计表现的特点和优势

计算机辅助工业设计借助鼠标、键盘、数位板等输入设备,取代传统的画笔、画纸、尺规、喷枪、色粉、马克笔等绘图工具,在计算机上充分模拟各种绘图工具和绘图手法,实现完美的设计表达效果，在产品设计、艺术设计领域成为一种高效、绿色的设计表现和展示手段，其写实、逼真的二维、三维设计效果具有更强的设计表现力和感染力。

计算机辅助设计表现技术和传统的手绘表现相比，具有高效、真实、易于修改等优势。传统的手绘表现方案只能从单个角度展示，需要大量的重复劳动才能完成配色、造型的设计变化；计算机辅助设计技术可以在二维的基础上生成逼真的三维数字模型，完成三维数字动画展示，在不重复劳动的前提下完成材质、色彩的变化以及细节的修改、调整。随着技术发展，计算机辅助设计技术与三维打印技术相结合，更便于制作模型，缩短方案设计和方案验证时间。简而言之，计算机辅助设计表现在现代设计中的优势越来越明显。

1.2.2 计算机辅助设计表现和传统手绘设计表现的关系

计算机辅助设计表现和传统手绘设计表现都是设计表达的手段，各有优势和作用，相辅相成。

首先，设计表现的目的是展现设计师的设计构想，实现抽象设计构思的具象化。在艺术设计中，既需要理性的逻辑思维，也需要感性的灵感思维，而灵感思维具有突发性、兴奋性、短暂而不易重复性等特点，使得手绘表现具有先天优势。传统的手绘设计表现（如图1-3所示）以一支铅笔、一张画纸为基本工具，快速展开构想表现，不受时间、地点等物质条件的限制。

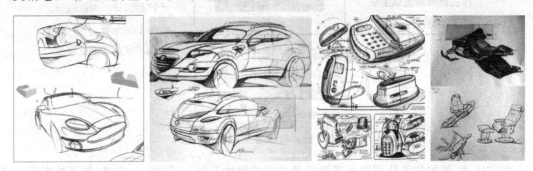

图1-3 手绘产品设计表现

其次，计算机辅助设计在效果图表现方面更能真实地传达设计意图。计算机作为现代数字化工具，可以真实地再现设计师的设计意图。如图1-4所示，计算机效果图画面清晰，可以合成不同的使用场景，使客户更易于理解和接受。

图1-4 计算机辅助产品设计表现

从面向的阶段和对象而言，手绘表现主要运用于设计创意阶段，便于设计师的自我灵感捕捉，实现方案的斟酌和完善，有助于设计师之间的灵感沟通与相互启发，完成头脑风暴和设计交流，表现设计师的初步或阶段性想法，不一定是最终效果。计算机辅助设计主要用于成熟设计方案的表现,实现设计师与客户之间的方案交流,以获得逼真、易懂和表现产品的最终效果。因此,传统设计表现和计算机辅助设计表现之间是相互弥补、相辅相成的关系。

1.3 CAID 软件介绍

计算机辅助工业设计软件主要分为三大类:二维平面设计(图形图像)类软件、三维造型与动画类软件和工程类 CAD 软件。此外,可能涉及其他相关设计软件,其种类和基本功能如图 1-5 所示。

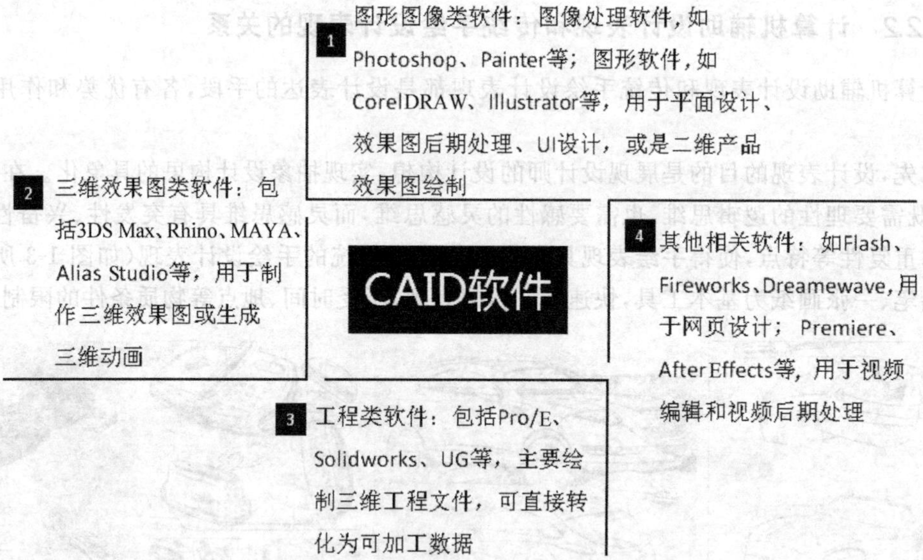

① 图形图像类软件:图像处理软件,如 Photoshop、Painter 等;图形软件,如 CorelDRAW、Illustrator 等,用于平面设计、效果图后期处理、UI 设计,或是二维产品效果图绘制

② 三维效果图类软件:包括3DS Max、Rhino、MAYA、Alias Studio等,用于制作三维效果图或生成三维动画

③ 工程类软件:包括Pro/E、Solidworks、UG等,主要绘制三维工程文件,可直接转化为可加工数据

④ 其他相关软件:如Flash、Fireworks、Dreamweave,用于网页设计;Premiere、After Effects等,用于视频编辑和视频后期处理

图 1-5 计算机辅助工业设计软件

如前所述,传统的手绘草图不需要借助过多的硬件工具,一张纸、一支笔,即可捕捉设计灵感,相比计算机辅助设计,更具灵活性。尽管如此,随着信息技术的发展,数位板等硬件输入设备带来了以往鼠标绘图无可比拟的手绘可能。数位板与软件技术相结合,可以使计算机模拟出逼真的笔触,实现钢笔、喷笔、马克笔、色粉等各种传统技法效果。随着手机与 PC 技术相融合,掌上终端表现出更高的便捷性和灵活性。

1.3.1 二维 CAID 软件

目前流行的计算机辅助工业设计二维软件,以 Adobe 公司的 Photoshop、Illustrator 和加拿大 COREL 公司的 CorelDRAW 最著名。对于产品设计效果图表现而言,又以 Photoshop 和 CorelDRAW 使用最广泛。Photoshop 是目前最流行的点阵图像处理软件之一,CorelDRAW 是目前最流行的矢量图形绘制软件之一,两者在效果图绘制技法上有很大差异,在产品设计效果表现上各有优势。

1.3.2 三维 CAID 软件

二维软件在产品效果表现上只能表现单一角度,而三维软件通过建立三维数字模型,可以表现产品的不同角度和细节,在现有模型基础上方便地修改、调整细节,变换色彩和材质,在三维模型基础上制作动画,实现三维效果展示。三维软件是虚拟现实技术的基础。

三维 CAID 软件种类较多,包括 3DS Max、Rhino、MAYA、Cinema 4D 和 Pro/E、UG、Solidworks 等。其中,Pro/E、UG 等属于参数化建模软件,通过数据驱动建立工程化三维模型,除用于表现建模效果之外,其最大的优势在于实现数字化加工(CAM,Computer Aided Made,计算机辅助制造);如 3DS Mmax、Rhino 等软件的优势在于逼真、细腻地实现三维效果图和三维动画等产品展示设计表现。

1.4 Photoshop 和 CorelDARW 软件

1.4.1 图像处理软件——Photoshop

Photoshop 是 Adobe 公司旗下最著名的图像处理软件之一。如今,Photoshop 已成为图像处理软件的标准。Adobe 公司成立于 1982 年,是美国最大的个人电脑软件公司之一。Thomas Knoll 于 1987 年开始编制 Photoshop 程序。1988 年夏天,Thomas Knoll 和 John Knoll 兄弟在硅谷寻找投资者。他们找到 Adobe 公司,11 月与 Adobe 签署授权销售协议。1996 年 11 月,Photoshop 5.0 发行成功,Adobe 买下 Photoshop 的所有权。

Photoshop 的较新版本为 Photoshop CS6。CS 是 Adobe Creative Suite 套装软件名称后面 2 个单词的缩写,代表"创作集合",是一个统一的设计环境,将全新版本的 Adobe Photoshop CS、Illustrator CS、InDesign CS、GoLive CS 和 Acrobat 7.0 Professional 软件与新的 Version Cue CS、Adobe Bridge 和 Adobe Stock Photos 相结合。2013 年 6 月 17 日,Adobe 正式发布 Creative Cloud 系列(如图 1-6 所示),包括 Photoshop CC、InDesign CC、Illustrator CC、Dreamweaver CC、Premiere Pro CC 等系列设计桌面产品。

图 1-6 2013 年发布的 Photoshop CC 版本

Photoshop 的主要功能分为图像编辑、图像合成、校色调色及特效制作等几个部分。

图像编辑是图像处理的基础,可以对图像做各种变换,如放大、缩小、旋转、倾斜、镜像、透视等,也可实现复制、去除斑点、修补、修饰图像的残损等。图像编辑在婚纱摄影、人像处理制作中有非常重要的作用,对图像作品进行美化加工,可以得到让人非常满意的效果。

图像合成是指将几幅图像通过图层操作、工具应用来合成完整的、传达明确意义的图像。这是艺术设计的重要手段之一。Photoshop 提供的绘图工具让外来图像与创意很好地融合,使得合成天衣无缝的图像成为可能。

校色调色是 Photoshop 中深具威力的功能之一,可以方便、快捷地对图像的颜色进行明暗、色偏的调整和校正，也可以在不同颜色间切换，以满足图像在不同领域如网页设计、印刷、多媒体等方面的应用。

特效制作在 Photoshop 中主要由滤镜、通道及工具综合应用完成，包括图像的特效创意和特效字的制作，如油画、浮雕、石膏画、素描等常用的传统美术技巧都可借由 Photoshop 特效完成。各种特效字的制作更是很多美术设计师热衷于 Photoshop 研究的重要原因之一。

尽管使用者大多把 Photoshop 软件看作图像处理的工具，但是对于产品设计而言，Photoshop 的鲜艳色彩及平滑色彩的过渡，使它可以完美地用于绘制产品效果图（如图 1-7 所示）。使用数位板绘制轮廓图，然后使用 Photoshop 软件进行色彩处理，是绘制产品效果图的一种有效手段，但是采用鼠标路径绘制的方法，可以使美术基础薄弱的非美术设计师创作出优秀的效果图作品，这也是本书介绍 Photoshop 产品表现的初衷之一。

图 1-7 使用 Photoshop 绘制的汽车效果图

1.4.2 图形设计软件——CorelDRAW

CorelDRAW 是加拿大 Corel 公司出品的平面矢量图形设计软件，目前流行的版本是 CorelDRAW Graphics Suite X6。CorelDRAW 软件用于图形、图像编辑，用户利用其强大的交互式工具，完成简报、彩页、手册、产品包装、标识、网页及其他创作。

CorelDRAW 是目前图形软件中功能最强大的图形绘制与图像处理软件之一，是一个基于矢量的绘图程序，其增强的易用性、交互性和创造力可轻而易举地完成专业级美术作品创作。CorelDRAW 的主要功能包括矢量绘画、版面设计、数字图像处理、位图图像与矢量图形相互转化，可应用于商标设计、标志制作、模型绘制、插图插画设计、排版及分色输出等领域。

图 1-8 使用 CorelDRAW 绘制的汽车效果图

作为矢量绘图的重要软件，如图 1-8 所示，CorelDRAW 具有强大的产品效果图绘制能力，是产品设计表现的重要工具之一。

1.4.3 关于点阵和矢量

Photoshop 和 CorelDRAW 分别是点阵绘图和矢量绘图的代表软件。

位图图像是指由像素构成的图片,即图片由一个个不同颜色的小方格组成,任何复杂的图片都可以分解成一定数量的颜色方格。

如图 1-9 所示,这是达·芬奇的油画《蒙娜丽莎》的一幅位图图片,只要放大到足够大,可以看到,它是由无数个细小的不同颜色的方格组成,就像彩色马赛克那样。位图图像在技术上称作栅格图像,其图片元素的最小矩形网格称为像素(pixel),每个像素都分配有特定的位置和颜色值。在处理位图图像时,编辑的是像素,而不是对象或形状。位图图像是连续色调图像(如照片或数字绘画)最常用的电子媒介,它可以更有效地表现阴影和颜色的细微层次。

图 1-9　位图图像《蒙娜丽莎》放大后的像素效果

矢量图形(有时称作矢量形状或矢量对象)是由称作矢量的数学对象定义的直线和曲线构成的。矢量根据图像的几何特征对图像进行描述。矢量图形与分辨率无关,用户可以任意移动或修改矢量图形,而不会丢失细节或影响清晰度。当调整矢量图形的大小、将矢量图形打印到 PostScript 打印机、在 PDF 文件中保存矢量图形,或将矢量图形导入基于矢量的图形应用程序时,矢量图形都能保持清晰的边缘,不会出现位图图像被放大时出现的锯齿效果。因此,对于将在各种输出媒体中按照不同大小使用的图稿(如徽标),矢量图形是最佳选择。

第 2 章 Photoshop 产品设计表现基础

2.1 Photoshop CS6 界面布局

不同版本的软件界面在布局和使用上会有差异,并且随着版本的升高而增加新的工具和功能,优化界面布局,提高人机交互性能。高版本的软件总会优于低版本的软件,而且软件都具有向下兼容的特性,因此老用户在使用新版本时只需熟悉界面,掌握新工具及新功能的变化即可。

图 2-1 所示是 Photoshop CS6 版本的界面布局,它由菜单栏、工具栏、工具箱、工作区域、控制面板、状态栏等几部分组成。

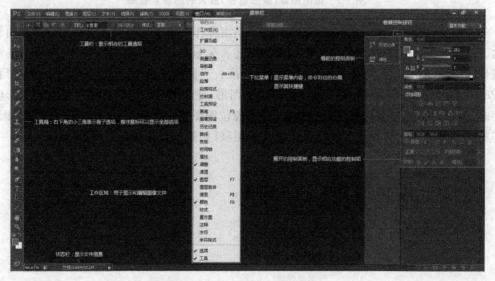

图 2-1 Photoshop CS6 界面布局

大多数设计软件都会提供工具、菜单命令和控制面板等选项。这些选项相互配合,完成设计工作。

2.1.1 工具箱

图 2-2 所示为 Photoshop CS6 工具箱提供的所有工具。工具箱是 Photoshop 软件的重要组成部分,汇集了编辑图像、绘制图形、输入文字所需的工具。

第 2 章　Photoshop 产品设计表现基础　9

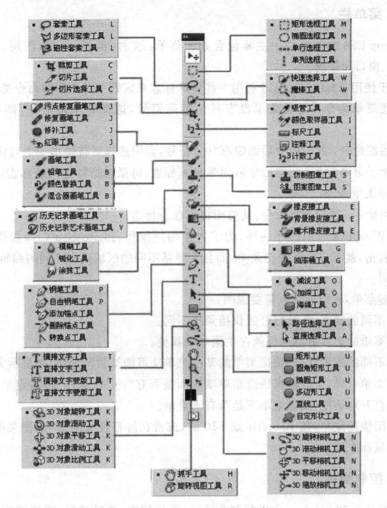

图 2-2　Photoshop CS6 的工具箱

【使用技巧】
- 敲击键盘上的快捷键,可以选中对应的工具。
- 在右下角显示黑色三角的工具处按住鼠标左键不放,稍等片刻,弹出一个含有隐藏工具的工具列。单击所需工具,将隐藏的工具选中。
- 按住 Alt 键的同时单击某工具,或按住 Shift 键的同时敲击对应的快捷键,可以在该工具包含的多个隐藏工具间切换(单行选框工具、单列选框工具、转换点工具、添加锚点工具、删除锚点工具除外)。
- 选择工具后,光标显示为工具图标或十字光标,通过敲击 CapsLock 键切换两种显示方式,通过工具属性栏设置属性。
- 按住 Ctrl 键,自动切换为移动工具;释放 Ctrl 键,自动恢复为原选择工具(路径选择工具、直线工具、抓手工具除外)。

位于界面顶部的工具选项栏用于设置工具属性。根据所选工具的不同,工具选项栏相应地发生变化。

2.1.2 菜单栏

Photoshop CS6 的菜单栏中主要包含如下菜单：文件、编辑、图像、图层、文字、选择、滤镜、3D、视图、窗口和帮助。

为了便于使用，Photoshop CS 利用一些特殊标志来区别 4 种不同的命令类型。

(1) 普通菜单命令：此类菜单没有任何特殊符号，选择并单击命令，即可执行相应的操作。

(2) 对话框命令：此类命令后面带有"…"符号，表明选择后将弹出一个对话框。

(3) 包含子菜单命令：此类命令后面带有 ▶ 标志，将鼠标指针指向该标志，可以在弹出的子菜单中选择菜单命令。

(4) 开关命令：选中此类命令，其前面将出现 ✔ 标志。

和其他 Windows 应用程序一样，为了方便用户操作，Photoshop CS6 提供了快捷菜单。在屏幕窗口右击，就可以打开快捷菜单，而且在屏幕不同的区域或在不同的编辑状态下显示的快捷菜单不同。

关于快捷菜单，有以下几点需要说明：

- 对于不同的状态，系统打开的快捷菜单不同。
- 快捷菜单的大多数选项都能在主菜单中找到。
- 根据不同的编辑状态，快捷菜单的某些菜单项可能被暂时禁用，并显示为灰色。
- 和主菜单一样，可以根据快捷菜单项后面是否有"…"和 ▶ 符号，确定单击该菜单项是否会打开对话框，或该菜单下是否有子菜单。
- 要关闭快捷菜单，按 Esc、Alt 或 F10 键，或者在屏幕任意地方（快捷菜单以外的地方）单击鼠标左键。

2.1.3 控制面板

控制面板是在 Photoshop 中进行颜色选择、图层编辑、路径编辑、通道编辑和撤销编辑等操作的主要功能面板，是 Photoshop 工作界面的一个重要组成部分。通过"窗口"菜单，控制显示或收起控制面板。CS6 版本的控制面板类似 CorelDRAW 面板的风格，通过展开或卷起，显示面板的功能选项，或提供更多的绘图显示区域。

2.1.4 联机帮助的使用

Photoshop CS6 提供了联机帮助功能。在接入互联网的前提下，通过"帮助"菜单的"联机帮助"命令获得 Adobe 公司提供的 Photoshop 帮助资源和技术支持。Photoshop 软件的联机帮助教程详细讲解了工具箱中工具与菜单命令的功能及使用方法，以及软件的主要特色和使用功能。此外，Photoshop 的帮助文件中提供了大量的视频教程链接地址，单击即可在线观看由 Adobe 专家录制的有关 Photoshop 功能的演示视频。

如图 2-3 所示，参照联机教程，学习菜单命令的作用，掌握每个工具配合工具栏中选项的使用方法。

图 2-3 Photoshop 的联机帮助

2.2 基本概念

计算机辅助设计以计算机技术为基础。在运用计算机软件实现产品设计表现之前，需要了解基本的信息学概念，以保证所设计的图像文件满足显示、打印和存储等特定的输出要求。

2.2.1 分辨率

分辨率一般用 PPI(Pixels Per Inch，像素/英寸，等同于 DPI，即 Dots Per Inch)来表示。图像分辨率指图像中存储的信息量，表示每英寸图像内有多少个像素点。换言之，分辨率表示单位尺寸的像素数。像素数、尺寸和分辨率三者的关系表示为：图像单向尺寸×分辨率＝单向像素数，宽度像素数×长度像素数＝图像总像素数。

在图像文件中使用太低的分辨率来显示和打印图像，会导致像素化，即图像缺乏细节，输出结果的像素大而粗糙。使用太高的分辨率(图像像素比输出设备可生成的像素小)，将增大文件，而不会提高印刷输出的质量，并将影响计算机的运行速度，还可降低图片显示和打印的速度。这里提到了两个分辨率的概念，一是平面设计中的图像分辨率；二是输出时的打印分辨率，二者不同，但相互联系。

1. 平面设计中的图像分辨率

在平面设计中，图像分辨率和图像的宽、高尺寸决定了图像文件的大小及图像质量。对于显示设备而言，分辨率表示了可以显示的像素数。举个通俗的例子，用分辨率为 1024×768(像素)的显示器播放电影，如果片源的分辨率为 1024 像素(长边)，则全屏播放时，影片是清晰的；但如果用 720 像素(短边)的片源全屏播放，看上去质量差很多。如图 2-4 所示，同一幅图像，宽 50 厘米，高 28 厘米，左侧图像分辨率为 70PPI(10 像素/英寸约等于 4 像素/厘米。在设计中，长度单位一般用厘米，分辨率单位用像素/英寸)，右侧图像是在保持图像文件尺寸大小不变的前提下，将分辨率降为 10PPI。由换算关系可知，总的像素数减少为原来的 1/49。在保证左侧图像打印效果清晰的前提下，对于等大的打印尺寸，右侧图像的栅格效果明显。对于计算机的显示系统来说，一幅图像的PPI值是没有意义的，起作用的是这幅图像包含的总的像素数，也就是前面所讲的分辨率表示方法：水平方向的像素数×垂直方向的像素数。这种分辨率表示方法同时表示了图像显示时的宽、高尺寸。

图2-4　不同分辨率的位图图像比较

2. 印刷输出时的打印分辨率

有时，在计算机中处理的图像需要输出、印刷。在大多数印刷方式中，都使用CMYK（品红、青、黄、黑）四色油墨来表现丰富多彩的颜色，但印刷表现色彩的方式和电视、照片不同，它使用一种半色调点的处理方法来表现图像的连续色调变化，不像后两者能够直接表现出连续色调的变化。为了便于理解半色调点的处理方法，对比黑白照片的处理来分析。用放大镜仔细观察报纸上的照片，发现这些照片都是由黑白相间的点构成的，而且由于点的大小有所不同，使得照片表现出黑白色调的变化。这些大小不同的点是怎样形成的呢？答案可从传统的印刷制版原理中找到。

根据行业经验，印刷中所有的LPI（Lines Per Inch，行数/英寸。印刷术语为加网线数）值与原始图像的PPI值的关系为：PPI值＝LPI值×2×（印刷图像的最大尺寸/原始图像的最大尺寸），因此，可以近似地认为1LPI＝2PPI。一般说来，只有遵循这一公式，原始图像才能在印刷中较好地反映。

印刷中采用的LPI值较为固定。通常，报纸印刷采用75LPI，彩色印刷品采用150LPI或175LPI，因此在1∶1印刷的情况下，针对不同用途，原始图像的分辨率应分别是150PPI、300PPI和350PPI。在Photoshop中，根据输出需要设定文件的分辨率是建立文件时的第一项重要工作，这将影响到文件的输出效果和计算机的图像处理速度。如图2-5所示，同样尺寸的文件采用不同的分辨率（换言之，文件像素数不同），决定了文件占用计算机存储空间（即信息量）的大小，而文件信息量的大小决定了计算机的运行速度。

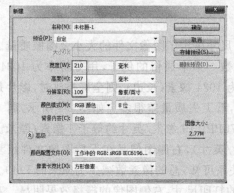 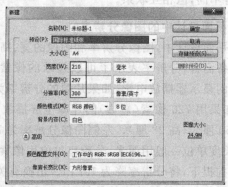

图2-5　同尺寸、不同分辨率的图像文件的信息量大小比较

2.2.2 颜色通道和颜色模式

1. 颜色通道

每个 Photoshop 图像都有一条或多条通道,每条通道中都存储了关于图像像素的信息。图像中的默认颜色通道数取决于图像的颜色模式。默认情况下,位图、灰度、双色调和索引颜色模式的图像有一条通道;RGB 和 Lab 图像有三条通道;CMYK 图像有四条通道。除位图模式图像之外,可以在所有其他类型的图像中添加通道。实际上,彩色图像中的通道是用于表示图像的每个颜色分量的灰度图像。例如,RGB 图像具有分别用于表示红色、绿色和蓝色值的单独通道,通过编辑单条通道,对图像的色彩进行编辑。

2. 产品设计表现中常用颜色模式

(1) RGB 颜色模式:Photoshop RGB 颜色模式使用 RGB 模型,并为每个像素分配一个强度值。在 8 位/通道的图像中,彩色图像中的每个 RGB(红色、绿色、蓝色)分量的强度值为 0(黑色)~255(白色)。例如,亮红色使用 R 值 246、G 值 20 和 B 值 50。当所有这 3 个分量的值相等时,结果是中性灰度级。当所有分量的值均为 255 时,结果是纯白色;当这些值都为 0 时,结果是纯黑色。

RGB 图像使用 3 种颜色或通道在屏幕上重现颜色。在 8 位/通道的图像中,这 3 条通道将每个像素转换为 24(8 位×3 通道)位颜色信息。对于 24 位图像,这 3 条通道最多可以重现 1670 万种颜色/像素。对于 48 位(16 位/通道)和 96 位(32 位/通道)图像,每像素可重现更多的颜色。新建的 Photoshop 图像的默认模式为 RGB,计算机显示器使用 RGB 模型显示颜色。这意味着在使用非 RGB 颜色模式(如 CMYK)时,Photoshop 会将 CMYK 图像转换为 RGB 图像,以便在屏幕上显示。

(2) CMYK 颜色模式:在 CMYK 模式下,可以为每个像素的每种印刷油墨指定一个百分比值。为最亮(高光)颜色指定的印刷油墨颜色百分比较低,为较暗(阴影)颜色指定的百分比较高。例如,亮红色可能包含 2%青色、93%洋红、90%黄色和 0%黑色。在 CMYK 图像中,当 4 种分量的值均为 0%时,产生纯白色。

在制作要用印刷色打印的图像时,应使用 CMYK 模式。将 RGB 图像转换为 CMYK,即产生分色。如果从 RGB 图像开始,最好先在 RGB 模式下编辑,然后在编辑结束时转换为 CMYK。在 RGB 模式下,可以使用"校样设置"命令模拟 CMYK 转换后的效果,而无须更改实际的图像数据;也可以使用 CMYK 模式直接处理从高端系统扫描或导入的 CMYK 图像。

(3) 灰度模式:灰度模式在图像中使用不同的灰度级。在 8 位图像中,最多有 256 级灰度。灰度图像中的每个像素都有一个 0(黑色)~255(白色)的亮度值。在 16 位和 32 位图像中,级数比 8 位图像大得多。灰度值也可以用黑色油墨覆盖的百分比来度量(0%为白色,100%为黑色)。

不同颜色模式的图像文件,颜色通道数不同,图像信息量不同。因此,如图 2-6 所示,在文件尺寸和分辨率(即文件的像素数)相同的情况下,这些图像的文件所占存储空间大小不同。

2.2.3 位深度

位深度用于指定图像中的每个像素可以使用的颜色信息量。每个像素使用的信息位数越多,可用的颜色就越多,颜色表现更逼真。例如,位深度为 1 的图像的像素有两个可能的值:

图 2-6 同尺寸、同分辨率、不同颜色模式的图像文件的信息量大小比较

黑色和白色；位深度为 8 的灰度模式图像有 2^8（即 256）个可能的灰色值。

RGB 图像由 3 条颜色通道组成。8 位/像素的 RGB 图像中的每条通道有 256 个可能的值，意味着该图像有 1600 万个以上可能的颜色值。有时将带有 8 位/通道（bpc）的 RGB 图像称作 24 位图像（8 位 ×3 通道＝24 位数据/像素）。

除了 8 位/通道图像之外，Photoshop 还可以处理包含 16 位/通道或 32 位/通道的图像。包含 32 位/通道的图像也称作高动态范围（HDR）图像。

2.2.4 常见图像文件格式

1. BMP 格式

BMP 是英文 Bitmap（位图）的简写，它是 Windows 操作系统中的标准图像文件格式，被多种 Windows 应用程序所支持。随着 Windows 操作系统的流行，人们开发出丰富的 Windows 应用程序，BMP 位图格式理所当然地被广泛应用。BMP 格式的特点是：包含的图像信息较丰富，几乎不压缩，但由此导致其缺点——占用磁盘空间过大。所以，目前 BMP 格式在单机上比较流行。

2. GIF 格式

GIF 是 Graphics Interchange Format（图形交换格式）的缩写。顾名思义，GIF 格式是用来交换图片的。20 世纪 80 年代，美国一家著名的在线信息服务机构 CompuServe 针对当时网络传输带宽的限制，开发出 GIF 图像格式，其特点是压缩比高，磁盘空间占用较少。最初的 GIF 只是简单地用来存储单幅静止图像（称为 GIF87a），后来随着技术发展，可以同时存储若干幅静止图像，进而形成连续的动画，使之成为当时支持 2D 动画的为数不多的格式之一（称为 GIF89a）。在 GIF89a 图像中可指定透明区域，使得 GIF 图像更具非同一般的显示效果。目前 Internet 上大量采用的彩色动画文件多为 GIF 格式，也称为 GIF89a 格式文件。此外，考虑到网络传输的实际情况，GIF 图像格式增加了渐显方式，也就是在图像传输过程中，用户先看到图像的大致轮廓，随着传输过程的继续，逐步看清细节部分。GIF 的缺点是不能存储超过 256 色的图像。

3. JPEG 格式

JPEG 是常见的一种图像格式，它由联合照片专家组（Joint Photographic Experts Group）开发并命名。JPEG 文件的扩展名为 .jpg 或 .jpeg，其压缩技术先进，它用有损压缩方式去除冗余的图像和彩色数据，在取得极高的压缩率的同时，能展现十分丰富、生动的图像。换句话说，就是用最少的磁盘空间得到较好的图像质量。同时，JPEG 是一种很灵活的格式，具有调节图像质量的功能，允许用不同的压缩比例压缩文件，比如最高可以把 1.37MB 的 BMP 位图文件压缩至 20.3KB。目前各类浏览器均支持 JPEG 图像格式。JPEG 格式文件的显著特点是尺寸较小，下载速度快。

4. TIFF 格式

TIFF(Tag Image File Format)是 Mac 中广泛使用的图像格式，它由 Aldus 和 Microsoft 联合开发，最初是为了满足跨平台存储扫描图像的需要而设计的。它的特点是图像格式复杂，存储信息多。正因为它存储的图像细微层次的信息非常多，图像的质量得以提高，因此非常有利于原稿复制。该格式有压缩和非压缩两种形式，其中压缩可采用 LZW 无损压缩方案存储。目前在 Mac 和 PC 上移植 TIFF 文件十分便捷，因此 TIFF 现在是微机上使用最广泛的图像文件格式之一。

5. PSD 格式

PSD(Photoshop Document)是 Photoshop 的专用文件格式，它可以理解为用 Photoshop 进行平面设计的一张"草稿图"，包含图层、通道、遮罩等多种设计样稿，便于下次打开文件时修改上一次的设计。在 Photoshop 支持的图像格式中，PSD 的存取速度比其他格式快很多，功能也很强大。

6. PNG 格式

PNG(Portable Network Graphics)是一种新兴的网络图像格式。在 1994 年年底，Unysis 公司宣布 GIF 拥有专利的压缩方法，要求开发 GIF 软件的作者必须缴交一定费用，促使免费的 PNG 图像格式诞生。PNG 从一开始便结合了 GIF 及 JPG 格式的长处。1996 年 10 月 1 日，PNG 向国际网络联盟提出并得到推荐认可标准，并且大部分绘图软件和浏览器开始支持 PNG 图像浏览。PNG 是目前保证图像最不失真的格式，第一，它汲取 GIF 和 JPG 二者的优点，存储形式丰富，兼有 GIF 和 JPG 的色彩模式；第二，它的特点是能把图像文件压缩到极限，以利于网络传输，但能保留所有与图像品质有关的信息。PNG 采用无损压缩方式来缩小文件的大小，这一点与牺牲图像品质来换取高压缩率的 JPG 不同；第三，显示速度很快，只需下载 1/64 的图像信息，就可以显示出低分辨率的预览图像；第四，PNG 同样支持透明图像的制作。透明图像在制作网页图像时，把图像背景设为透明，用网页本身的颜色信息来代替设为透明的色彩，使图像和网页背景和谐地融合在一起。PNG 的缺点是不支持动画应用效果。

2.2.5 文件自动备份

在设计工作中，往往会因为突然断电、内存溢出等问题导致关机或系统崩溃，使得设计师辛苦工作的成果在没有来得及存盘的情况下完全消失。Word、3DS Max 等越来越多的软件提高了文件自动备份功能，保证在特殊情况下不会丢失文件。在 CS6 以后版本的 Photoshop 软件中也提供这一有用的功能。

Photoshop CS6 的自动备份文件存放在 PS(Photoshop 的缩写，已成为 Photoshop 软件的官方名称)第一暂存盘下面的 psautorecover 文件夹中，自动备份文件扩展名为 psb，其中的 b 即 backup(备份)的意思。系统崩溃后，重新打开 Photoshop 软件时，会自动打开备份文件，只要重新保存即可。如图 2-7 所示，选择"编辑"→"首选项"→"文件处理"命令，设置 Photoshop 文件自动备份时间间隔。时间间隔过短，将导致频繁备份，影响机器的运行速度。

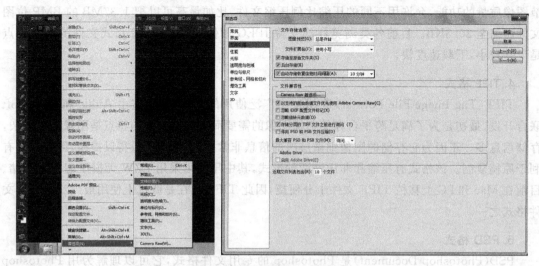

图 2-7 文件自动备份功能设置

2.3 图层、通道和路径

图层、通道和路径这 3 个概念是掌握和熟练运用 Photoshop 进行图像处理和产品表现设计的基础。

2.3.1 图层

如果要做一个比喻的话,由图层构成的图像文件,就像是用透明硫酸纸印刷叠合到一起的书,如图 2-8 所示,每一页相当于一个图层,都可以有自己独立的内容。上面的一页遮挡住下面的一页,无内容的部分是透明的,透过它可以看到下面一页的内容,用户可以按自己的喜好调整页与页之间的顺序。可以添加更多的页面,也可以对独立的页面进行修改、删除,而不影响其他内容;当把所有页面的四角粘合到一起时,这些页面之间的内容和关系就被固定了,也就无法修改了。

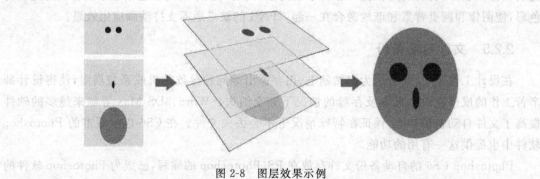

图 2-8 图层效果示例

图层是含有文字或图形等元素的独立单元,一个个层按顺序叠放在一起,组合起来,形成文件的最终效果。在每个图层上,可以将其中的内容精确定位。图层中可以加入文本、图片、表格、插件,也可以嵌套图层,形成图层组。

在 CorelDRAW 等矢量软件中，所画的图形形状是矢量的对象，可以随时被单独选取和进行操作。作为典型点阵软件的 Photoshop 则不同，画上去的颜色都是作为色素点而存在，就像用画布作画一样，后涂上去的颜色叠加在原来的颜色上，覆盖原有的颜色。要想使前、后的色素独立存在，需要使用图层。因此，图层是 Photoshop 软件的设计基础。

需要注意的是，有多个层的图像只能被保存为 Photoshop 专用格式，即 PSD 或 PDD 格式的文件。如果要将图像文件保存为其他的，如 BMP 或 JPG 格式，需要选择"文件"菜单中的"另存为"命令，自动合并所有图层为一个背景层，再将其保存成其他格式的文件。

在 Photoshop 中，一般将"图层"菜单与图层控制面板配合使用，完成大多数与图层相关的设计操作。图 2-9 所示是 Photoshop CS6 的图层控制面板。

图 2-9　Photoshop CS6 的图层控制面板

1. 图层类型

Photoshop 的图层类型包括背景层、图像层、蒙版层、调整层、填充层、样式层、形状层、文字层和图层组。丰富的图层类型使 Photoshop 的设计更加得心应手，便于控制。

1) 背景层

背景图层总是在"图层"面板的最底层，不可以调整图层顺序，而且图层中的图像不可以移动位置。在背景层上不能使用"图层样式""图层蒙版"等命令，使用"图层"→"新建"→"背景图层"命令，可以将背景层转化为普通图层。转换结果在"图层"面板上显示，如图 2-10 所示。

2) 图像层

图像层是 Photoshop 中的基本图层，即常规的普通图层。

3) 蒙版层

蒙版层对应"图层"菜单中的"图层蒙版"命令。对于一个图层，使用此命令，或单击图层控制面板底部的■按钮，即可为其添加蒙版，使之变为蒙版层。蒙版是用于控制用户需要显示或者影响的图像区域，或者说是用于控制需要隐藏或不受影响的图像区域，是进行图像合成的重要手段。通过蒙版，可以非破坏性地合成图像。

图层蒙版可以理解为在当前图层上面覆盖一层玻璃片，这种玻璃片有透明、半透明和完全

图 2-10　背景层转换为普通层

不透明的效果。运用各种绘图工具在蒙版上(即玻璃片上)涂色(只能涂黑、白、灰色),涂黑色的地方,蒙版变为透明,看不见当前图层的图像;涂白色,使涂色部分变为不透明,可以看到当前图层上的图像;涂灰色,使蒙版变为半透明,透明的程度由涂色的灰度深浅决定。

可以运用选区的思想来理解蒙版。蒙版可以看作一种特殊的选区,其目的不是对选区进行操作,而是要保护选区不被操作。同时,不处于蒙版范围的地方可以进行编辑与处理。蒙版跟常规的选区不同,常规的选区表现了一种操作趋向,即将对所选区域进行处理;蒙版却相反,它是对所选区域进行保护,让其免于操作,而对非掩盖的地方应用操作。

在图层蒙版编辑中,只能使用黑、白色及其过渡色(灰色)。蒙版中的黑色用于蒙住当前图层的内容,显示当前图层下面的层的内容;蒙版中的白色用于显示当前层的内容;蒙版中的灰色表现出半透明状,当前图层下面层的内容若隐若现。

"图层"菜单中"图层蒙版"的相关命令选项如图 2-11 所示。

下面通过图 2-12 的合成效果练习来讲解蒙版图层。

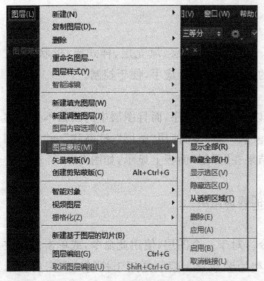

图 2-11　"图层蒙版"命令的选项　　　　　图 2-12　合成效果练习

(1) 打开如图 2-13 所示的"花朵"文件。使用"文件"→"置入"命令,选择如图 2-14 所示

"婴儿"文件,将其打开并置入"花朵"文件;然后使用"图层"→"栅格化图层"命令,将其转化为普通图层。使用 魔术棒(按颜色进行选取)工具,设定"容差值"为30(容差值的数值范围为0～255,代表的是选取颜色的容差范围。数值越大,所选取的相似颜色越多;数值越小,所选取的相似颜色越少),选取婴儿图层白色背景,然后单击 Del 键删除白色背景。接下来,使用 Ctrl+T 命令调整其大小(基本技巧:按住 Shift+Alt 键绕中心缩放,保证图片不变形。在设计中,对原始素材进行等比缩放,保证其不变形是图像合成时应注意的基本问题),效果如图 2-15 所示。

图 2-13　打开"花朵"文件　　　图 2-14　打开"婴儿"文件　　　图 2-15　图层合成效果图

(2) 单击图层控制面板底部的 按钮,为"婴儿"层添加蒙版,使其变为蒙版层,如图 2-16 所示。选择 渐变工具(工具使用方法见 2.4.2 节),打开"渐变编辑器",选择"黑、白渐变",如图 2-17 所示。

图 2-16　添加蒙版

(3) 使用 线性渐变方式,为蒙版图层制作渐变效果(操作技巧:按住 Shift 键,调整渐变方向为水平、垂直或 45°方向),效果如图 2-18 所示。渐变色彩由白到黑,分别控制婴儿图像从显示到消失,产生融入的合成效果。

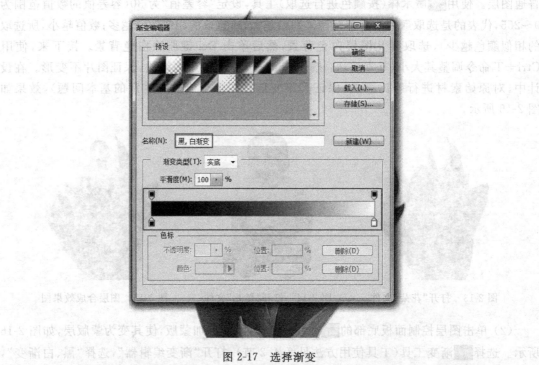

图 2-17　选择渐变

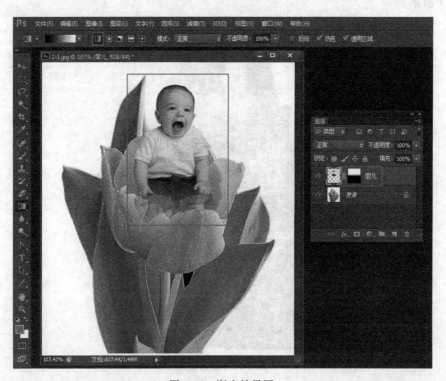

图 2-18　渐变效果图

(4)用鼠标指向"婴儿"图层的蒙版,如图 2-19 所示,按住左键拖动到 删除图标,然后在对话框中选择"应用",使之变为普通图层。重复上述操作,继续添加蒙版,如图 2-20 所示。添加斜向渐变,控制其左、右两侧渐变融入,产生更真实的由中心向外融入的效果。应用图层蒙版后,最终效果如图 2-21 所示。

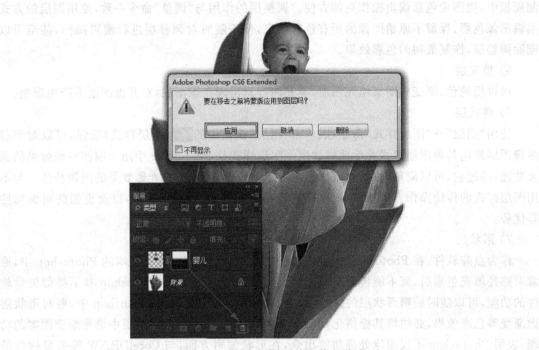

图 2-19　将"婴儿"图层改为普通图层

图 2-20　添加蒙版

图 2-21　最终效果

4）调整层

在"图像"菜单中有"调整"子菜单，其中包含用于图像色彩调整的全部命令。在 Photoshop CS6 版本的"窗口"菜单中增加了"调整"选项，使全部图像调整命令集成在调整控制面板中，使图像色彩编辑操作更加方便。调整层的作用与"调整"命令一致，使用图层的方式编辑图像色彩，保留了原始图像的所有色彩信息，便于随时对调整层进行编辑操作，甚至可以删除调整层，恢复最初的色彩效果。

5）填充层

可以用纯色、渐变或图案填充图层，填充内容只出现在该图层，对其他图层不产生影响。

6）样式层

使用"图层"→"图层样式"命令，或单击"图层"面板中的 fx（图层样式）按钮，可以对当前图像图层使用各种图层样式并生成样式层。图层样式是 Photoshop 中用于制作特殊效果的强大功能，通过它，可以简单、快捷地制作出各种立体投影、质感以及光影效果的图像特效。与不用图层样式的传统操作方法相比，图层样式具有速度更快、效果更精确，以及更强的可编辑性等优势。

7）形状层

作为点阵软件，在 Photoshop 中可使用路径功能绘制图形。在低版本的 Photoshop 中，通常对路径填充色彩后，就不能再调整其形状；形状图层的出现，使 Photoshop 有了类似矢量软件的功能，可以随时编辑形状层的路径，改变其形状。在低版本的 Photoshop 中，要对形状层做渐变等色彩效果，必须将其栅格化，但 Photoshop CS6 具有在形状图层中填充渐变图案的功能，表明 Photoshop 不仅图像处理功能出众，在形状编辑方面，与 CorelDRAW 等矢量软件的差距也逐渐变小。

如图 2-22 所示，选择 钢笔工具，在工具栏"属性设置"→"选择工具模式"中选择"形状"，

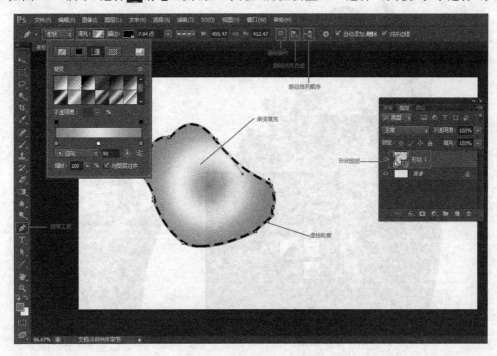

图 2-22　形状图层的使用

然后在图像中绘制路径（路径绘制方法见第 2.4 节），生成形状图层。在工具栏可以选择形状填充方式（包括无、单色、渐变和图案 4 种填充，可以像使用渐变工具一样设置渐变的色彩及渐变类型）。Photoshop CS6 的形状功能更优秀的地方在于它可以直接对描边选择类似于填充的丰富效果（在这一点上，至少在同时期超越了经典矢量软件 CorelDRAW）。此外，工具栏提供了"路径操作"（对已经存在的路径，像像素一样进行加减操作）、"路径对齐方式""路径排列顺序"等选项。可见，作为经典点阵软件的 Photoshop，其矢量功能日益强化。

8）文字层

Photoshop 的文字图层提供了丰富的文字输入和编辑、排版功能。作为经典的图像处理和设计软件，其文字特效非常出色，是产品设计表现和平面设计的重要内容之一。

使用文字工具生成文字图层，在对文字进行栅格化操作之前，文字是矢量的，可以改变其字体、字型、字号、段落效果（如对齐方式、行间距、字间距）等。如图 2-23 所示，使用 T 文字工具，可以生成文字图层，同时在工具栏或字符控制面板和段落控制面板中设置文字选项，如字体、字型、文字大小、颜色、字符间距、基线偏移、消除锯齿的方式、文本对齐方式、左右缩进等。除此之外，可以对文字设置粗体、斜体、全部大写字母、小型大写字母、上标、下标、下划线、删除线等特殊文字格式。

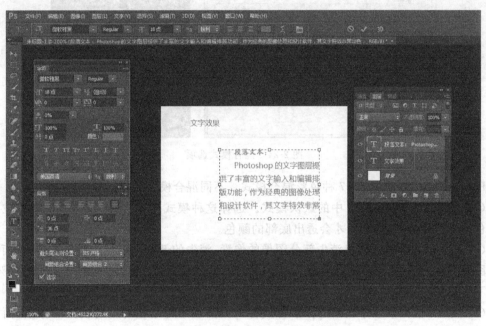

图 2-23 文字工具和文字图层

在 Photoshop 中可以创建多种类型的弯曲变形文本，它提供了一些很有特点的弯曲效果。单击文字工具栏的 ⚐（创建文字变形）按钮，打开"变形文字"对话框，其下拉菜单提供了 15 种预设样式。每一种样式都提供了水平和垂直两种变形方式，通过弯曲、水平扭曲和垂直扭曲 3 个参数来设定不同的变形。在变形之后，文字层依然保持完全的可编辑性。Photoshop 的文字功能不断加强，在 CS6 版本中增加了像 Adobe Illustrator 和 CorelDRAW 中那样使文字跟随路径做精确编排的文字沿路径绕排功能。

文字层的另一个特征是可以将文字转换为形状（使用"文字"→"转化为形状"命令）或是工作路径（使用"文字"→"创建工作路径"命令）。通过这两种方法，可以将标准字体转换为矢量可编辑图形,然后通过节点编辑进行艺术字体设计。这是标志设计的一种有效方法。此外,"文字"菜单还提供了"栅格化"命令。通过文字栅格化,将适量文字转化为点阵像素,完成基于栅格化图像的更多效果,比如运用滤镜实现文字特效等。

9) 图层组

利用图层组,可以有效地管理和组织图层,并且图层组也包含图层属性和蒙版设置功能。图层组和图层的操作方法基本一样,用户可以像处理图层一样对图层组进行查看、选择、复制、移动、设置混合模式、更改图层组顺序和设置不透明度等。图层组在多图层文件,比如产品效果图设计中非常有用,为图层操作和管理带来了极大的方便。

2. 图层混合模式

混合模式是图像处理技术中的名词,不仅用在 Photoshop 中,也应用于 Illustrator、Dreamweaver、Fireworks 等软件。混合模式的主要功能是用不同的方法将对象颜色与底层对象的颜色混合。如图 2-24 所示,使用"编辑"→"填充"命令,弹出的对话框中有混合模式选项;在"图层"面板,也有图层混合模式选项,两者的使用方法和作用完全相同。

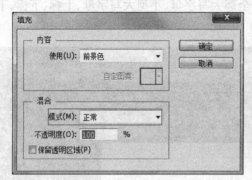

图 2-24　混合模式选项

Photoshop CS6 中共有 27 种色彩混合模式。不同混合模式的作用和区别如下所述。

(1) 正常:是 Photoshop 中的默认模式。选择这种模式后,绘制出来的颜色将盖住原有的底色。当色彩是半透明时,才会透出底部的颜色。

(2) 溶解:溶解模式随机消失部分图像的像素,消失的部分可以显示背景内容,从而形成两个图层交融的效果。当"不透明度"小于 100% 时,图层逐渐溶解;当"不透明度"为 100% 时,图层不起作用。

(3) 变暗:上面图层中较暗的像素将代替下面图层中与之相对应的较亮的像素,而下面图层中较暗的像素将代替上面图层中与之相对应的较亮的像素,使叠加后的图像区域变暗。

(4) 正片叠底:产生比当前图层和下层颜色都暗的颜色。在此模式中,黑色与任何颜色混合之后还是黑色;任何颜色与白色混合,颜色不会改变。在图片处理中,通过复制图层并设定为"正片叠底"模式,快速调整曝光过度的照片。

(5) 颜色加深:使图层的亮度降低,色彩加深。将底层的颜色变暗,反映当前图层的颜色。与白色混合后不产生变化。

(6) 线性加深:减小下层的颜色亮度,反映当前图层的颜色;查看每条颜色通道中的颜色信息,加暗所有通道的基色,并通过提高其他颜色的亮度来反映混合颜色。与白色混合后不产生变化。

（7）深色：以当前图像饱和度为依据，直接覆盖下层图像中暗调区域的颜色。下层图像中包含的亮度信息不变，以当前图像中的暗调信息来取代，得到最终效果。深色模式可以反映背景较亮图像中暗部信息的表现，暗调颜色取代亮部信息。

（8）变亮：与变暗模式正好相反。选择变亮模式后，上面图层中较亮的像素将代替下面图层中与之相对应的较暗的像素，而下面图层中较亮的像素将代替上面图层中与之相对应的较暗的像素，使叠加后的图像区域变亮。

（9）滤色：与正片叠底模式正好相反，它将图像的上层颜色与下层颜色结合起来，产生比两种颜色都浅的第三种颜色，可以理解为将绘制的颜色与底色的互补色相乘，然后除以255得到的混合效果。通过滤色模式转换后的颜色通常很浅，像是被漂白一样，最后得到的总是较亮的颜色。

（10）颜色减淡：通过减少上、下图层中像素的对比度来提高 Photoshop CS6 图像的亮度。颜色减淡模式的效果比滤色模式更加明显。

（11）线性减淡：与线性加深模式的作用刚好相反，它通过加亮所有通道的基色，降低其他颜色的亮度来反映 Photoshop CS6 的混合颜色。此模式对于黑色将不发生变化。

（12）浅色：与深色模式正好相反。浅色模式可影响背景较暗图像中亮部信息的表现，以高光颜色取代暗部信息。

（13）叠加：将绘制的颜色与下层颜色相叠加，也就是说，把图像的下层颜色与上层颜色混合，提取基色的高光和阴影部分，产生一种中间色。下层不会被取代，而是和上层混合来显示图像的亮度和暗度。

（14）柔光：产生柔光照射的效果。该模式根据绘图色的明暗来决定图像的最终效果是变亮还是变暗。如果上层颜色比下层颜色亮一些，最终将更亮；如果上层颜色比下层颜色的像素暗一些，最终颜色将更暗，使图像的亮度反差增大。

（15）强光：与柔光模式类似，将下面图层中的灰度值与上面图层进行处理，不同的是产生的效果像一束强光照射在图像上。

（16）亮光：根据绘图色增加或减小对比度来加深或减淡颜色，具体取决于混合色。如果混合色比50%的灰度亮，图像通过降低对比度来加亮图像；反之，通过提高对比度来使图像变暗。

（17）线性光：通过增加或降低当前颜色亮度来加深或减淡颜色。若当前图层颜色比50%的灰度亮，图像通过增加亮度，使整体变亮；若当前图层颜色比50%的灰度暗，图像会降低亮度，使整体变暗。

（18）点光：通过置换颜色像素来混合图像，如果混合色比50%的灰度亮，比图像暗的像素会被替换，比原图像亮的像素无变化；反之，比原图像亮的像素会被替换，比图像暗的像素无变化。

（19）实色：将两个图层叠加后，当前层产生很强的硬性边缘，将原本逼真的图像以色块的方式表现。该模式可增加颜色的饱和度，使图像产生色调分离的效果。

（20）差值：将当前图层的颜色与下方图层的颜色的亮度进行对比，用较亮颜色的像素值减去较暗颜色的像素值，所得差值就是最后的像素值。

（21）排除：与差值模式相似，但是具有高对比度、低饱和度的特点，比差值模式的效果柔和、明亮一些。其中，与白色混合，将反转基色值；与黑色混合，不发生变化。其实无论是差值模式还是排除模式，都能使人物或自然景色图像产生更真实或更吸引人的视觉冲击。

（22）减去：根据不同的图像，减去图像中的亮部或者暗部，与下层图像混合。

（23）划分：将图像划分为不同的色彩区域，与下层图像混合，产生较亮的、类似于色调分离后的图像效果。

(24) 色相：选择下方图层颜色亮度和饱和度值与当前层的色相值进行混合创建的效果。混合后的亮度及饱和度取决于基色，色相取决于当前层的颜色。

(25) 饱和度：与色相模式相似，只用上层颜色的饱和度值着色，使色相值和亮度值保持不变。下层颜色与上层颜色的饱和度值不同时，才能使用描绘颜色进行着色处理。

(26) 颜色：使用基色的明度以及混合色的色相和饱和度创建结果，使用混合色颜色的饱和度值和色相值同时着色，以保护图像的灰色色值，但混合后的整体颜色由当前混合色决定。颜色模式可以看成饱和度模式和色相模式的综合。该模式能够使灰色图像的阴影或轮廓透过着色的颜色显示出来，混合某种色彩化的效果。

(27) 明度：使用混合色颜色的亮度值着色，保持上层颜色的饱和度和色相数值不变，再用上层中的色相和饱和度以及混合色的亮度对比度得到最终结果。明度模式的效果与颜色模式的效果相反。

色彩混合模式在图像色彩编辑、图像合成、特效制作等方面有着非常重要的作用。图 2-25 所示的 3 张图片分别是由两张素材图像通过设置混合模式实现的产品合成表现效果，操作步骤如下所述。

(635KB)

图 2-25　通过混合模式实现产品合成表现

(1) 打开如图 2-25 所示的"地毯"文件和"体重计"文件。激活"体重计"文件，使用移动工具将被选中的体重计合成到"地毯"文件中。为了便于图层识别，在"图层"面板，将体重计图层名称由"图层 1"改为"体重计"(操作方法：双击图层名称将其激活，然后编辑名称)，并将它调整到合适的位置，效果如图 2-26 所示。

(2) 使用工具，选择"体重计"图层的白色背景(在背景色彩较单一时，使用魔术棒选择较为方便。选择时，应注意设定合适的容差值。容差值设置过大或过小，会多选或漏选背景区域。此处设置容差值为 20)，然后按 Del 键删除背景，效果如图 2-27 所示。

图 2-26　合成　　　　　　　图 2-27　删除背景

(3) 如图 2-28 所示,使用 放大镜工具放大显示体重计,然后使用 直线套索工具选择体重计的不透明区域(以直线方式选择时,需要将图像放大。画的线段越短,越逼近连续的曲线效果。使用 工具通过路径进行选择,效果会更好),效果如图 2-29 所示。

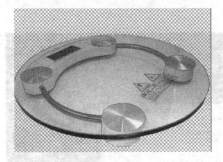 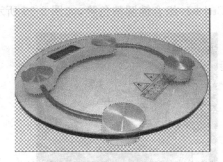

图 2-28　放大显示　　　　　　　　　　图 2-29　选择不透明区域

(4) 使用"图层"→"新建"→"通过复制的图层"命令,把体重计不透明的部分复制为一个独立的层,并命名为"不透明部分",如图 2-30 所示。

(5) 复制"体重计"层为"体重计 1 副本",并拖到蓝色图层上方,将"体重计 1 副本"设定为"正片叠底",如图 2-31 所示。

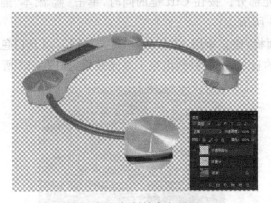 

图 2-30　复制并命名图层　　　　　　　图 2-31　设定"正片叠底"

(6) 观察图 2-31 发现,合成效果中欠缺玻璃的光亮,需要抠出玻璃的高光。如图 2-32 所示,按住 Alt 键单击"体重计"图层的 图标,关闭其他图层的显示。

(7) 打开通道控制面板,复制蓝通道为"蓝 副本",如图 2-33 所示。

图 2-32　抠出玻璃的高光　　　　　　　图 2-33　复制蓝通道

(8) 用 [工具]工具选取玻璃外面的白色区域,设置前景色为黑色,然后按 Alt＋Del 组合键填充黑色,效果如图 2-34 所示。

(9) 按 Ctrl＋D 组合键取消选择(蚂蚁线消失),然后使用"图像"→"调整"→"色阶"命令,或按 Ctrl＋L 组合键调整色阶,如图 2-35 所示。

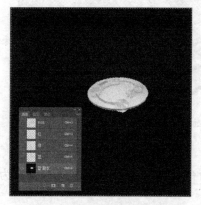
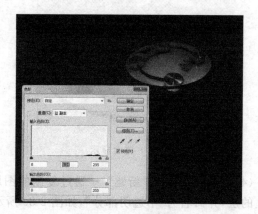

图 2-34　设置并填充前景色　　　　　图 2-35　调整色阶

(10) 通过色阶调整,通道中只剩下高光部分。按住 Ctrl 键的同时,单击"蓝 副本"通道,然后选取通道中的高光区域,效果如图 2-36 所示。

(11) 不取消选择状态,打开图层控制面板,建立新层,并命名为"高光",同时填充白色,且将图层模式设定为"滤色"。打开背景图层的显示,可以看到出现了高光效果,如图 2-37 所示。

图 2-36　选择高光区域　　　　　　　图 2-37　高光效果

(12) 最后打开"不透明部分"图层的显示,最终效果如图 2-38 所示。

2.3.2　通道

在 Photoshop 中,每个图像都有一条或多条通道,每条通道都存储了关于图像色彩的信息。通道作为图像的组成部分,与图像的格式密不可分。图像不同的颜色、格式决定了通道的数量和模式。

图像中的默认颜色通道数取决于图像的颜色模式,如图 2-39 所示,图像的通道数量和种类在通道面板中可以直接看到。

Photoshop 涉及的通道主要有 5 种类型:复合通道(Compound Channel)、颜色通道

第 2 章　Photoshop 产品设计表现基础　29

图 2-38　体重计与地毯的最终合成效果

图 2-39　通道面板显示出图像的通道情况

(Color Channel)、专色通道(Spot Channel)、Alpha 通道(Alpha Channel)和单色通道。

(1) 复合通道：复合通道不包含任何信息，如图 2-39 中的 RGB 通道，实际上它只是同时预览并编辑所有颜色通道的快捷方式。它通常用于在单独编辑完一条或多条颜色通道后使通道面板返回到默认状态。对于不同模式的图像，其通道的数量不同。在 Photoshop 中，对于一个 RGB 图像，有 RGB、R、G、B 4 条通道；对于一个 CMYK 图像，有 CMYK、C、M、Y、K 5 条通道；对于一个 Lab 模式的图像，有 Lab、L、a、b 4 条通道。

(2) 颜色通道：颜色通道把图像分解成一个或多个色彩成分，如 RGB 图像中的 R、G、B 3 条通道都属于颜色通道。图像的模式决定了颜色通道的数量，RGB 模式有 R、G、B 共 3 条颜色通道，CMYK 图像有 C、M、Y、K 共 4 条颜色通道，灰度图只有 1 条灰度颜色通道。颜色通道包含所有将被打印或显示的颜色，例如一个 CMYK 图像中的 C、M、Y、K 4 条颜色通道，分别代表青色、洋红、黄色和黑色信息。

对颜色通道的理解就像过去农村印年画的色板。三色画需要 3 个色板，每个色板代表

1个颜色,每个色板就相当于1条颜色通道,但它不能表示颜色的浓淡,要靠人去掌握;而图像中的通道,是以灰度图的亮度信息表示颜色的浓度变化,因此可将通道看成印刷过程中的印版,即一个印版对应相应的颜色图层。默认情况下,位图、灰度、双色调和索引颜色图像有1条通道,RGB和Lab图像有3条通道,CMYK图像有4条通道。除位图模式图像之外,可以在所有其他类型的图像中添加多条通道。Photoshop中的通道是存储不同类型信息的灰度图像,其亮度信息表示色彩强度。灰度图中的黑色表示此通道所代表颜色的份额值为0,白色表示此通道所代表颜色的份额值为100%。如24位的RGB色,每通道是8位的灰度(24位=3通道×8位/通道),8位的通道亮度信息可以存储0～255个色彩分量级别。

(3) 专色通道:在CMYK印刷色模式下,可能含有专色通道,是指定用于专色油墨印刷的附加印版。比如,要印刷金黄色或银白色,用专色通道的信息进行分色制版。

(4) Alpha通道:Alpha通道是计算机图形学中的术语,是指特别的通道。有时,它特指透明信息,但通常指非彩色通道。在Photoshop中制作的各种特殊效果一般都用到Alpha通道。它最基本的用处在于保存选取范围,并且不会影响图像显示和印刷效果。

简单来说,Alpha通道的作用就是将选区存储为灰度图像,即以灰度的色阶亮度强度信息存储选区。灰度图中,纯白色表示选取的像素,黑色表示未选取的像素,部分选中的像素显示为灰色,也可表示选取的羽化边缘。可以将普通的选区或者路径选区存储为Alpha通道,也可以通过载入Alpha通道创建蒙版。这些蒙版用于处理或保护图像的未选取部分,在图像的保存以及处理过程中,记录图像的透明背景信息。这在图像的后期合成中特别有用。一个图像最多可以有56条通道。通道所需的文件大小由通道中的像素信息决定。某些文件格式会压缩通道信息以节约空间,这将丢失Alpha通道信息,只保留颜色通道信息。只有当以Photoshop、PDF、PICT、Pixar、TIFF或Raw格式存储文件时,才会保留Alpha通道;以其他格式存储文件,可能导致通道信息丢失。

(5) 单色通道:单色通道的产生比较特别,也可以说是非正常的。如果在通道面板中随便删除一条通道,会发现所有的通道都变成黑白的,原有的彩色通道即使不删除也变成了灰度的。

以上介绍了Photoshop中的5种类型通道。通道作为一个灰度图层,具有灰度图层的所有属性及可编辑性,如色阶调整,选区的可修改性及边缘羽化性,滤镜效果等。简而言之,在Photoshop中编辑图像,实际上就是编辑颜色通道。Alpha通道信息在后期图像合成、贴图材质、动画制作以及各种特效制作时提供图像的选区信息和灰度亮度信息。通道的另一个主要功能是用于同图像层进行计算合成,生成许多特殊的效果。这一功能主要用于制作特效文字。

下面通过实例来说明通道的功能和用法。

1. 利用通道调整色彩

如图2-40所示,通过通道操作,实现汽车中控台色彩的变化。

(1) 原图中,中控台的颜色偏褐色。如图2-41所示,首先观察中控台的3条颜色通道。在R通道中,中控台部分偏亮,说明含红色成分较多。

(2) 如图2-42所示,用鼠标左键拖动"红"通道图标到通道面板右下角 ▣ (新建通道)按钮,复制得到"红 副本"通道。

(3) 如图2-43所示,使用"图像"→"调整"→"曲线"命令,或按Ctrl+M组合键,打开"曲线"面板,使"红 副本"通道的亮度提高,便于选择中控台区域。

第 2 章　Photoshop 产品设计表现基础　31

(143KB)

图 2-40　利用图像通道功能实现的色彩变化效果

图 2-41　中控台的 3 条颜色通道

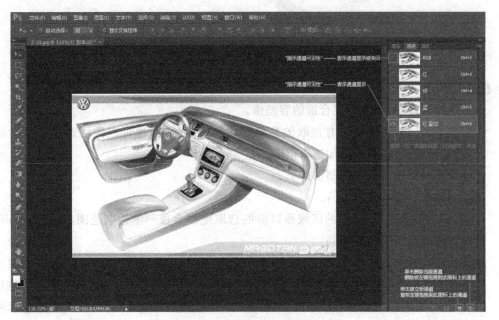

图 2-42　复制"红"通道

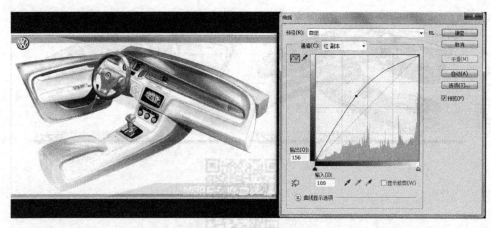

图 2-43 打开"曲线"面板

(4) 如图 2-44 所示，使用 ![] 工具，选取中控台区域(要不断添加选区)。

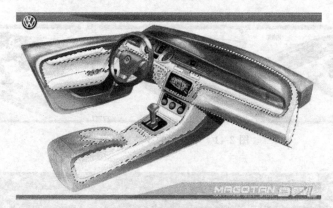

图 2-44 选取中控台区域

【选择技巧】
- 在选择过程中，注意设定合适的容差值。
- 按住 Shift 键，在保持原有选取的基础上增加选取范围；也可以激活选择工具栏的 ![]（添加到选区）按钮来增加选取范围。
- 选择工具栏中的选区控制项如下。

![] 新选区：选取新的范围。

![] 添加到选区：新选中的区域跟以前的选取范围合成一个选取范围，与按下 Shift 键增加选取范围的功能相同。

![] 从选区减去：单击该按钮后执行选取操作，将不会单独生成新的范围，会发生两种情况：一是要选择的新区域跟以前的选取范围没有重叠部分，则选取范围不发生任何变化；二是新选中的区域跟以前的选取范围有重叠的部分，该部分将从以前的选取范围中删除（与按下 Alt 键增加选取范围的功能相同）。

![] 与选区交叉：在新选取范围与原选取范围的重叠部分（即相交的区域）产生一个新选取范围，两者不重叠的范围被删除。如果在原有选取范围之外的区域选取，将弹出警告对话框。单击 OK 按钮，将取消所有的选取范围（与按下 Shift＋Alt 组合键选取

范围的功能相同)。

(5) 如图 2-45 所示,使用"选择"→"修改"→"羽化"命令,或按 Shift+F6 组合键,对选区羽化,使轮廓边缘柔和。

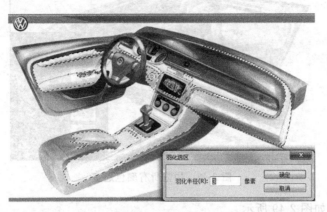

图 2-45 羽化

小贴士:羽化是针对选区的一项编辑操作。羽化原理是令选区内外衔接的部分虚化,起到渐变的作用,达到自然衔接的效果。羽化值越大,虚化范围越宽,颜色递变得越柔和;羽化值越小,虚化范围越窄。在实际操作中,可根据情况进行调节,把羽化值设置小一点。反复羽化是羽化的一个技巧。

(6) 如图 2-46 所示,单击"通道"面板中的"红"通道,进入红色通道,然后按 Ctrl+M 组合键打开"曲线调整"面板,调整红色的亮度。

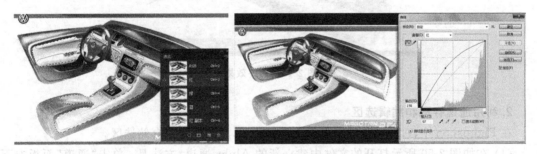

图 2-46 调整红色的亮度

(7) 运用(6)中方法,选中"绿"通道,并调整其亮度,如图 2-47 所示。

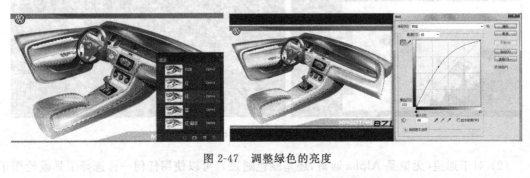

图 2-47 调整绿色的亮度

(8) 如图 2-48 所示,单击"通道"面板中的 RGB 复合通道,回到预览所有颜色通道的状态。

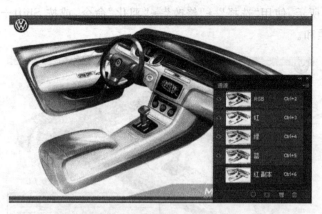

图2-48 预览所有颜色通道

（9）最终效果如图2-49所示。

图2-49 最终效果

2. 利用通道存取和编辑选区

在Photoshop中，Alpha通道是非常重要的功能，用于编辑和存储选区。

（1）在如图2-50所示打开的文件中建立新的Alpha通道，方法是：单击"通道"面板右下角的█按钮。

图2-50 建立新的Alpha通道

（2）对于通道（无论是Alpha通道，还是颜色通道），可以使用任何一种选择工具或绘图工具进行编辑。对于颜色通道，编辑其灰度，意味着对应通道颜色的变化；对于Alpha通道，灰度变化意味着选择区域的有无以及选择的程度。如图2-51所示，用白色填充矩形选择域，用画笔工具画线,用喷笔工具喷涂,用渐变工具实现色彩渐变。当回到复合通道预览时,按住 Ctrl 键单击被编辑的 Alpha 通道,载入其中的选区。如图 2-52 所示,使用"编辑"→"填充"命令填入前景色,可以发现 Alpha 通道的作用。

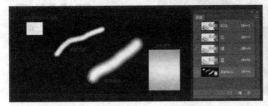 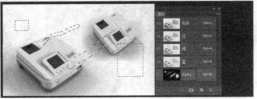

图 2-51　在通道中执行编辑操作

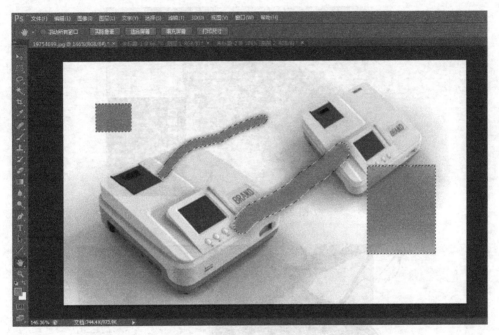

图 2-52　填入前景色

3. 利用通道进行抠图

抠图,就是将图像中需要的部分从画面中精确地提取出来,是图像合成中最常用的操作之一,是后续图像处理的重要基础。Photoshop 提供了多种工具和命令用于完成抠图操作,比如矩形、套索、魔术棒等选择工具(直接选择,生成选区)、钢笔工具(绘制路径,然后转化为选区)等。但是对于人像的头发或透明效果等抠出操作,使用上述工具和方法比较复杂,利用通道功能实现复杂的抠图操作就显得非常有意义。

如图 2-53 所示,左图为原图,右图是对头像照片更换背景的效果。利用通道抠出头像,是更换背景的前提。下面学习通道抠图的技巧。

(1) 打开如图 2-53 中左图所示的头像文件,并打开"通道"面板,分析通道色彩反差。绿色通道的头发与背景黑白反差较大,因此复制绿色通道,生成"绿 副本"通道,效果如图 2-54 所示。

(2) 使用"图像"→"调整"→"色阶"命令,或按 Ctrl+L 组合键,打开"色阶调整"面板,调整通道的黑白反差,如图 2-55 所示。

(331KB)

图 2-53　更换背景

图 2-54　复制绿色通道

图 2-55　调整黑白反差

(3) 使用 画笔工具将人像区域的白色部分全部刷成黑色(注意,将前景色设定为黑色,并在画笔工具栏选项中设定合适的画笔半径),效果如图 2-56 所示。

(4) 如图 2-57 所示,在"通道"面板按住 Ctrl 键单击"绿 副本"通道,加载通道的选区。在通道中,黑色表示未被选择区域,白色表示被选择区域,因此为了选取头像,需要按 Ctrl+Shift+I 组合键进行反选,结果如图 2-58 所示。

(5) 单击"RGB"通道回到复合通道模式。打开"图层"面板,使用"图层"→"新建"→"通过复制的图层"命令,将选取的内容复制为新的图层。关闭"背景"图层后的效果如图 2-59 所示。

图 2-56　将人像区域全部刷黑

(3)　如图 2-56 所示，将人像区域用"画笔"工具涂满黑色，此时按住 Ctrl 键单击（b）中的"绿 副本"通道，将选择新的图层作为整个画面的选取范围，如图"背景 图层"如图所示图 2-00 所示图之（c）的画面基本上也。

图 2-57　按住 Ctrl 键单击"绿 副本"通道

(4)　如图图 2-57 所示，人像有着"头像"的选择保存放置到人像 "头中中，"花图"取下"加黑"人像操作图就是人像操作就画面为人像保持图有无

图 2-58　选取头像

图 2-59 关闭"背景"图层后的效果

(6) 从图 2-59 可以看到,头像存在漏选的区域。打开"背景"图层,使用 工具选择漏选的区域,重复第(5)步所述新建图层操作,将选择的内容复制为新的图层。关闭"背景"图层后的效果如图 2-60 所示,头像的选择基本完整。

图 2-60 完整选择头像

(7) 打开如图 2-61 所示"人像背景"文件,并拖动合成到"人像"文件中。在"图层"面板,将"人像背景"图层拖动到"背景"图层之上,合成效果如图 2-62 所示,完成人像抠图和背景更换。

图 2-61 人像背景

图 2-62　人像与背景合成

2.3.3　路径

路径功能是实现产品设计表现的基础。绘图软件中的路径在屏幕上表现为一些不可打印、不活动的矢量形状。路径是 CorelDRAW 等矢量绘图软件的基础；在非矢量绘图软件 Photoshop 中，路径也越来越强大。

路径是由贝塞尔曲线构成的一段闭合或者开放的曲线段。贝塞尔曲线是 1962 年法国雷诺汽车公司设计构造的一种以"无穷相近"为基础的参数曲线。贝塞尔的方法将函数无穷逼近同集合表示结合起来，使得设计师在计算机上绘制曲线就像使用常规作图工具一样得心应手。

路径由定位点和连接定位点的线段（曲线）构成，每一个定位点包含两个句柄，用于精确调整定位点及前、后线段的曲度，从而匹配想要绘制的边界。在图像合成方面，路径通常被用作选择的基础，进行精确定位和调整，适用于不规则的、难以使用其他工具进行选择的区域；在产品设计表现中，路径用来绘制和确定着色的形状区域。

使用 钢笔工具创建路径，使用同级的其他工具的修改和调整路径。路径分为开放路径和封闭路径。图 2-63 所示是钢笔选择工具的 5 个子工具选项。 钢笔工具用于生成锚点，在绘制下一锚点时，直接单接鼠标左键，生成角点，然后按下鼠标左键，拖动锚点，将出现两个手柄，用于调整路径的曲率，生成贝塞尔点，如图 2-64 所示； 自由钢笔工具用于绘制自由曲线路径； 添加锚点工具在现有路径中添加锚点，以便更细致地编辑、调整路径； 删除锚点工具用于删除路径中的锚点； 转换点工具用于角点和贝塞尔点之间的转换。

图 2-63　钢笔选择工具的子工具选项

图 2-64　生成贝塞尔点

操作技巧：在绘制路径时，先绘出大形，然后通过增加和调整锚点，得到精细效果。

路径的主要功能是选取图像和绘制图形。使用选择工具绘制路径，然后转化为选区，实现选择功能。绘制路径后，在路径内描边或填充，可实现图形的绘制功能。产品设计以路径绘制为基础，在本书的产品设计实例中，将通过大量的路径绘制操作使读者熟练掌握路径工具的使用技巧。本节只是简单介绍 Photoshop CS6 中新增加的曲线文字功能。

在文件中的路径上用文字工具单击，可以实现绕路径文字编排，效果如图 2-65 所示。

（1）新建文件，并建立新的图层，然后选择如图 2-66 所示形状工具箱的 自定形状工具。在工具栏选项中，选择工具模式为"像素"，设定形状为"窄边圆形边框"（如果形状设置中没有此项，单击右侧  按钮，打开菜单，添加形状），如图 2-67 所示；然后，设定前景色为绿色，绘制出圆环，如图 2-68 所示。

图 2-65　绕路径文字编排　　　　　图 2-66　选择"自定义形状工具"

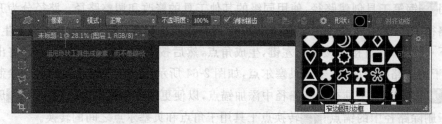

图 2-67　设定形状

（2）选择如图 2-66 所示形状工具栏中的 多边形工具，在工具栏选项中设置多边形形状，如图 2-69 所示。工具模式选择为"路径"，绘制多边形路径，效果如图 2-70 所示。

图 2-68　绘制圆形　　　　　　　图 2-69　设置多边形

(3) 选择工具箱中的 T 文字工具,然后将鼠标指到路径,当出现 ✔ (沿路径生成文字) 图标时,按下左键,沿路径生成文字,效果如图 2-71 所示。使用"文字"→"栅格化文字图层"命令,将文字层转换为普通层。

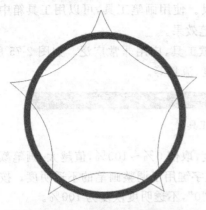

图 2-70 绘制多边形路径　　　　　图 2-71 沿路径生成文字

(4) 运用第(1)步中的方法,选择"红心形",如图 2-72 所示,绘制心形路径,效果如图 2-73 所示。选择工具箱中的 T 文字工具,然后将鼠标指向路径,当出现 ⓘ (在路径内生成区域文字) 图标时,按下左键,在心形路径内生成文字,效果如图 2-74 所示。

图 2-72 选择形状

图 2-73 绘制心形路径　　　　　图 2-74 在路径内生成文字

2.4 常用工具综合训练

本节结合实例,介绍产品设计表现中常用工具的操作技巧。需要注意的是,完成一种设计效果可能有不同的实现方法,可以运用不同的工具及技巧,关键是掌握软件中工具和命令的相互关系及组合使用技巧,以达到运用自如的目的。

2.4.1 画笔工具

画笔工具是 Photoshop 处理图像和产品设计表现的基本工具。在 Photoshop CS6 工具箱中单击 按钮，或按快捷键 Shift+B 选择画笔工具。使用画笔工具，可以用工具箱中的前景色 (图标中的红色为前景色)绘出边缘柔软的画笔效果。

画笔作为 Photoshop 中较为重要和复杂的一款工具，应用非常广泛。如图 2-75 所示，画笔工具栏的属性主要包括画笔大小、硬度、不透明度、流量等。

图 2-75 画笔工具栏

"不透明度"选项用于设置画笔颜色的透明程度，取值 0%~100%，值越大，画笔颜色的不透明度越高，取 0%时，画笔是透明的。小键盘的数字键用于调整画笔的不透明度。按下"1"，不透明度为 10%；按下"5"，不透明度为 50%；按下"0"，不透明度恢复为 100%。

"流量"选项设置与不透明度类似，指画笔颜色的喷出浓度，不同之处在于不透明度是指整体颜色的浓度，喷出量是指画笔颜色的浓度。

单击工具选项栏 图标，选择喷枪效果。

单击 按钮，在打开的下拉列表中选择画笔类型，调整画笔直径及硬度，选择预设的各种形状的画笔(执行"编辑"→"定义画笔预设"命令，可以将选择的内容定义为画笔预设，为 Photoshop 提供丰富的画笔支持功能)。

单击 按钮，打开画笔控制面板，如图 2-76 所示，用于设置画笔的笔尖属性，主要包括笔尖大小、色彩、纹理等属性的动态变化。这是产品设计表现的重要手段，需要认真学习，发现其奥妙。

图 2-77 所示是使用 Photoshop 绘制的皮夹效果图，其中的缝线需要通过设定画笔属性来完成，基本方法如下所述。

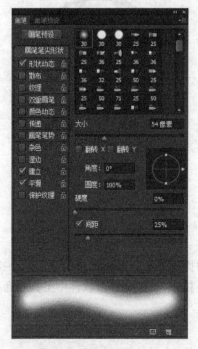

图 2-76 画笔控制面板

图 2-77 用 Photoshop 绘制的皮夹

(1) 使用"文件"→"新建"命令，或按 Ctrl＋N 组合键建立新文件。新文件设置窗口如图 2-78 所示。在"新建"对话框中需设置的内容包括文件名称、大小(指文件尺寸，其单位可以是像素、英寸、毫米、厘米、点或派卡)以及分辨率(如果制作图像只用于计算机屏幕显示，图像分辨率用 72 像素/英寸或 96 像素/英寸即可；如果制作的图像需要打印输出，按分辨率换算关系来设置，一般印刷设置为 300 像素/英寸)、颜色模式等参数。"预设"下拉菜单中保存有预先定义好的一些图像尺寸，对于常用作图尺寸，可以从中选取，如图 2-79 所示。

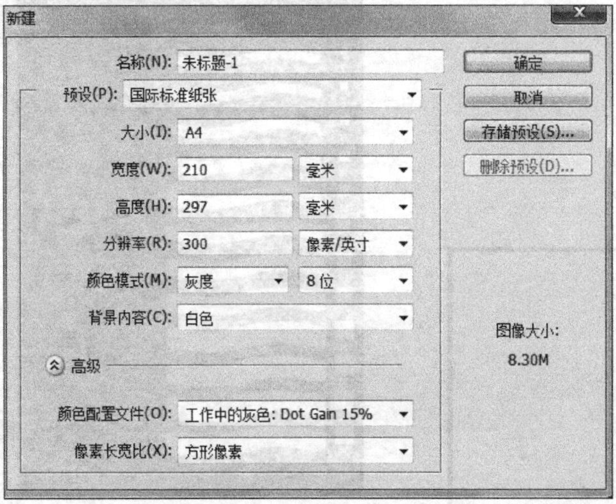

图 2-78 "新建"对话框

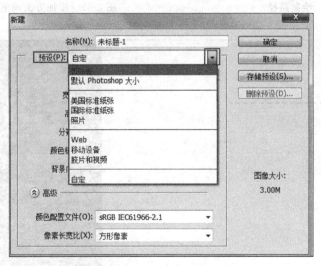

图 2-79 "预设"下拉菜单

(2) 在新建的空白文件中绘制如图 2-80 所示的路径。

(3) 如图 2-81 所示，在画笔预设面板中，单击▇下拉菜单按钮，然后选择"方头画笔"，并将其添加到画笔箱中。

(4) 如图 2-82 所示，在画笔控制面板中设置合适的笔尖大小，调整画笔的圆度(使之长宽比发生变化)，调整间距(出现间断效果)，基本效果如图 2-82 左上角所示。

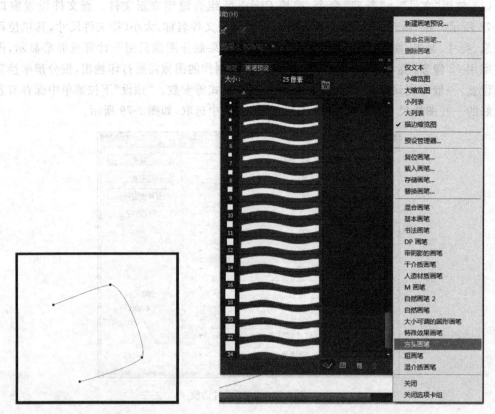

图 2-80　绘制路径　　　　　　　　　图 2-81　添加方头画笔

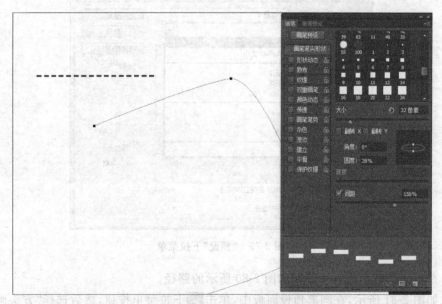

图 2-82　设置画笔属性

（5）如图 2-83 所示，在"画笔"面板中，选中并进入"形状动态"控制区，选择"角度"→"控制"，再在下拉菜单中选择"方向"选项（使画笔沿路径的倾斜方向描边）。

（6）如图 2-84 所示，在设定画笔属性后，打开"路径"面板，然后单击 ○（路径描边）按钮，对路径进行描边操作,得到所需的描边效果。

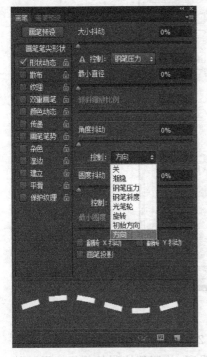

图 2-83 设置画笔的动态走向

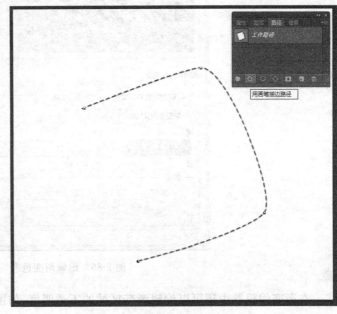

图 2-84 路径描边

通过上述示例可以发现,画笔的属性设定项,尤其是"画笔笔尖形状"的内容极其丰富,需要不断探索、领会。

2.4.2 渐变工具

■渐变工具用来填充渐变色。如果不创建选区,渐变工具将作用于整个图层。基本使用方法是:按住鼠标左键拖曳出一条直线,其长度和方向决定了渐变填充的区域和方向;拖曳的同时按住 Shift 键,可保证鼠标的方向是水平、竖直或成 45°角。

如图 2-85 所示,选择渐变工具后,工具栏显示渐变工具的属性选项。

图 2-85 渐变工具的属性选项

渐变工具是设计表现最基本的工具之一。Photoshop 和 CorelDRAW 等其他图形图像软件一样,提供了丰富的渐变色彩编辑功能。单击工具栏 ■ 按钮右侧的三角形,打开渐变拾色器,选择渐变色彩;单击 ■ (注意不要单击下拉按钮),如图 2-86 所示,打开渐变编辑器,编辑渐变色彩。

在渐变编辑器中,效果预设条下端有色标,其上半部分的小三角是白色,表示图标未被选中。单击图标,小三角变成黑色时,表示被选中,可以在"色标"编辑区中编辑色彩。其中,"颜色"按钮用于选择当前图标处的颜色。如果要调整色标位置,选定色标后左右移动,也可以在"位置"选项中设置色标的精确位置。如果要增加色标,直接在渐变效果预设条上的任意位置单击。滑动效果预设条下部对应的小菱形块,可以调整颜色中点位置。

图 2-86　编辑渐变色彩

在渐变编辑器中还可以编辑渐变区域的不透明度,如图 2-87 所示。在效果预设条上部单击,可以增加不透明度色标;在"色标"编辑区可以编辑不透明度,并调整控制的位置。滑动效果预设条上部对应的小菱形块,可以调整不透明度中点位置。

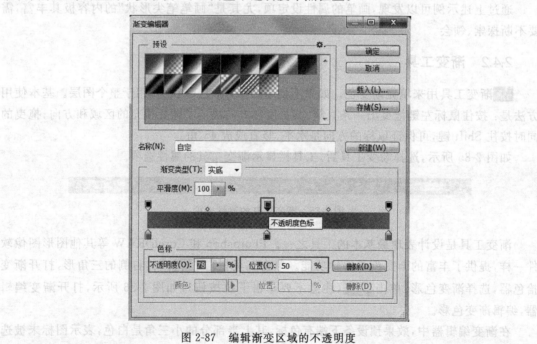

图 2-87　编辑渐变区域的不透明度

渐变工具的工具栏选项提供了线性渐变、径向渐变、角度渐变、对称渐变和菱形渐变共 5 种类型。

■"线性渐变":从起点到终点以直线渐变。

- ■ "径向渐变":从起点到终点以圆形图案渐变。
- ■ "角度渐变":围绕起点,以逆时针方向环绕渐变。
- ■ "对称渐变":在起点两侧产生对称直线渐变。
- ■ "菱形渐变":从起点到终点,以菱形图案渐变。

利用渐变工具可以表现丰富的质感效果,图 2-88 所示是运用渐变制作的光盘效果和简单几何形体效果表现。下面通过这两个练习学习渐变工具的表现技巧。

(642KB)

(1.82MB)

图 2-88 渐变工具的表现效果

1. 光盘效果制作

(1) 使用"文件"→"新建"命令,或按 Ctrl+N 组合键,建立"光盘"新文件并打开"图层"面板,如图 2-89 所示,建立新的"光盘"层。

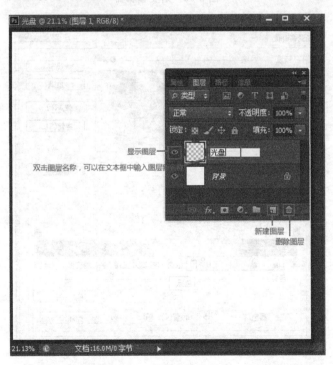

图 2-89 建立"光盘"层

(2) 如图 2-90 所示,选择■渐变工具,在工具栏选项中打开渐变编辑器,并选择"预设"中的色谱渐变方式。在"色谱"渐变方式的基础上调整渐变色(分别向左侧拖动色标),效果如图 2-91 所示。按循环方式添加对应的新颜色,并调整各颜色的位置相对均衡,效果如图 2-92

所示。

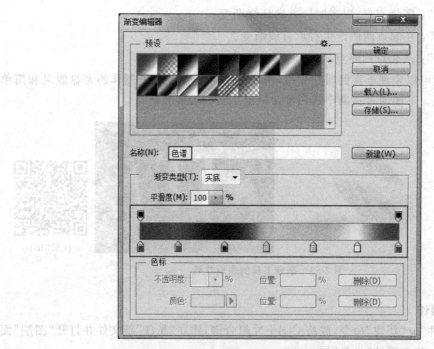

图 2-90 渐变编辑器

图 2-91 调整渐变色

(3) 选择■角度渐变工具，然后以图像中点为中心，按住鼠标左键向外侧拖动，在"光盘"图层上完成渐变，效果如图 2-93 所示。

(4) 选择工具栏◎椭圆选框工具，然后按住 Shift+Alt 组合键，以渐变起点为中心，作出

第 2 章 Photoshop 产品设计表现基础 49

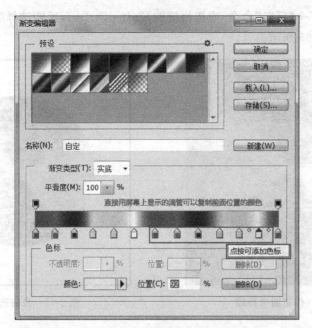

图 2-92 调整颜色

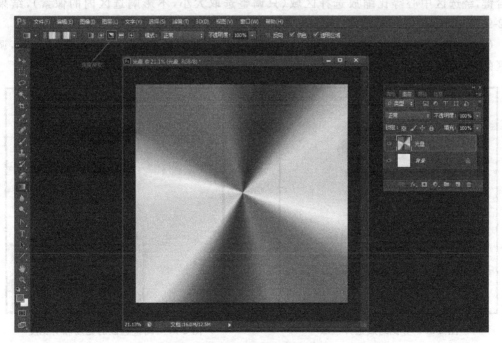

图 2-93 "光盘"图层渐变效果

大小合适的正圆选择域,效果如图 2-94 所示。

小技巧:在工具栏中,默认选择工具为 矩形选框工具,在其上按住鼠标左键,从显示的工具列中选择其他工具;按住 Shift 键,绘制长宽比为 1:1 的选择域,等同于设置选择工具栏的样式 样式: 固定比例 宽度: 1 高度: 1 ;按住 Alt 键,以起点为中心作选择域;按住 Shift+Ctrl 组合键,以起点为中心作长宽比相等的选择域。

(5) 使用"选择"→"反向"命令，或按快捷键 Shift＋Ctrl＋I，反转选择区域，并按 Del 键，删除选取，结果如图 2-95 所示。

图 2-94 作正圆选择域

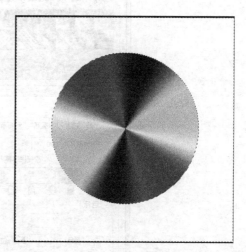
图 2-95 反转选择区域

(6) 继续第(5)步的方法，选区反选，然后使用"选择"→"变换选区"命令，按住 Shift＋Alt 组合键，绕选区中心等比缩放选择区域（只调整选取大小，不影响选区内的像素），结果如图 2-96 所示。

(7) 确定选区变化后，使用"图像"→"调整"→"亮度/对比度"命令，如图 2-97 所示，调整选区的亮度和对比度，使颜色变灰（注意：需要勾选对话框中的"使用旧版"项）。

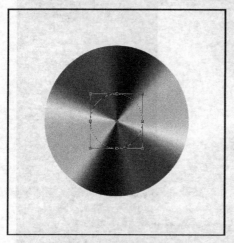
图 2-96 等比缩放选择区域

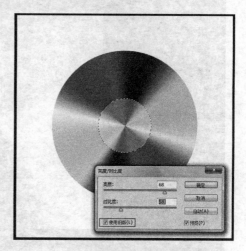
图 2-97 调整选区的亮度和对比度

(8) 继续第(6)步的方法，绕选区中心等比缩小选择区域。确定后，删除选区，产生中间的空洞效果，然后单击图像任意位置，取消选区，结果如图 2-98 所示。单击"图层"面板的"光盘"图层显示按钮，查看当前层的内容，如图 2-99 所示。

(9) 如图 2-100 所示，使用"编辑"→"变换"→"扭曲"命令，调整光盘图形的透视效果，双击鼠标确定。效果如图 2-101 所示。

图 2-98　产生中间空洞

图 2-99　查看当前层的内容

图 2-100　调整图形透视效果

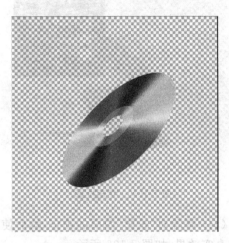

图 2-101　透视效果图

（10）在"图层"面板，将鼠标指向"光盘"图层，按住左键，将其拖拽到 复制图标，复制"光盘"图层，如图 2-102 所示，将两个图层分别命名为"光盘"和"投影"。

（11）选中"投影"图层，使用"编辑"→"变换"→"扭曲"命令，分别调整除左下角的 3 个控制点，调整投影的透视效果，如图 2-103 所示。

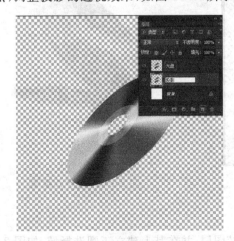

图 2-102　复制并命名图层

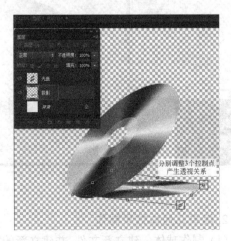

图 2-103　调整投影效果

（12）将投影填充为灰色。如图 2-104 所示，激活"图层"面板的 ▧（锁定透明像素）图标，"投影"图层区域出现 ▣ 锁定图标。

小贴士：在"图层"面板有 4 个"锁定"选项，▧ 锁定透明像素，作用是在填充颜色时，只填充当前层的非透明区域；不打开此按钮，在填充色彩时，会使整个图层着色。▨ 锁定图像像素，使图层中的透明区域不能使用画笔、喷笔等色彩编辑工具。▣ 锁定位置，使当前层不能移动。▣ 锁定全部，同时满足前 3 项锁定功能。

（13）将前景色设定为深灰色，使用 Alt＋Del 组合键填充被锁定透明像素的"投影"图层（小技巧：使用 Alt＋Del 组合键对当前层填充前景色，使用 Ctrl＋Del 组合键对当前层填充背景色），效果如图 2-105 所示。

图 2-104 填充投影

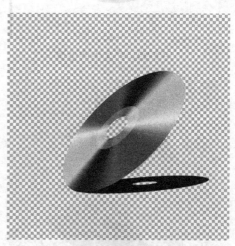
图 2-105 填充图层

（14）解除对"投影"图层的锁定，然后使用"滤镜"→"模糊"→"高斯式模糊"命令，调整投影的真实效果，如图 2-106 所示。

（15）显示所有图层，得到最终结果，如图 2-107 所示。

图 2-106 调整效果

图 2-107 最终效果图

2. 简单几何体效果制作

（1）制作球体。建立新文件，并建立新的"球体"图层，并在其上建立正圆选择域，如图 2-108

所示。

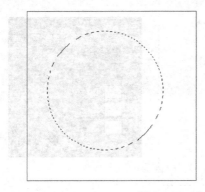

图 2-108 建立选择域

(2) 选择■工具,然后在渐变工具栏选择"黑、白渐变"。使用■径向渐变工具对选择域进行渐变填充,生成黑白球体效果,如图 1-109 所示。

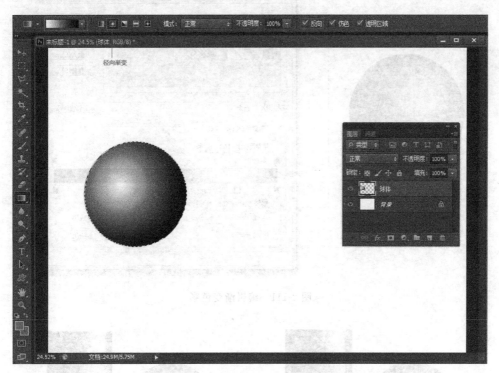

图 2-109 生成黑白球体效果

(3) 新建"柱体"图层,并在其上使用■矩形选择工具,建立如图 2-110 所示的矩形选区。

(4) 在对矩形渐变填充之前,选择渐变工具,并打开渐变编辑器,编辑渐变色彩,如图 2-111 所示。

(5) 选择渐变工具栏选项的■线性渐变工具,按住 Shift 键(保持水平方向),使用新编辑的渐变色对矩形选择域做渐变填充(注意:在第(2)步中,工具栏的"反向"选项处于勾选状态。在做矩形选择域的渐变时,取消其勾选状态),效果如图 2-112 所示。

(6) 在矩形渐变的底部使用■椭圆选框工具,绘制椭圆形选区,效果如图 2-113 所示。

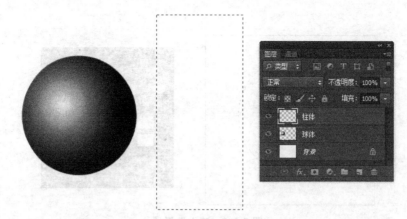

图 2-110 建立矩形选区

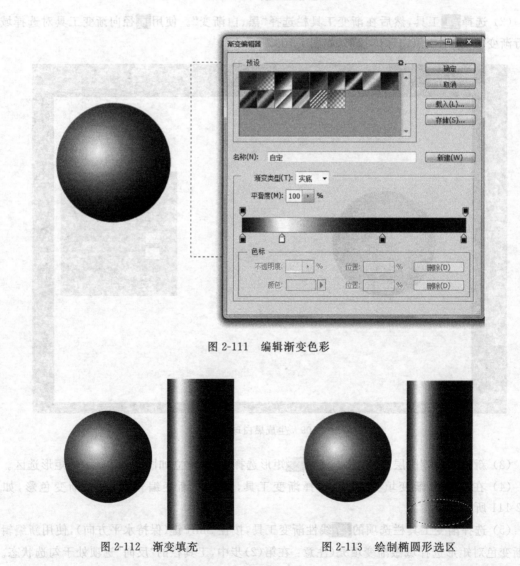

图 2-111 编辑渐变色彩

图 2-112 渐变填充　　　　　图 2-113 绘制椭圆形选区

(7) 选择矩形选框工具,并选择工具栏的 添加到选区,或按住 Shift 键加选矩形的上部,结果如图 2-114 所示。

(8) 使用"选择"→"反选"命令，或按 Ctrl＋Shift＋I 组合键进行反选，然后按 Del 键删除选取的像素，按 Ctrl＋D 组合键取消选择，结果如图 2-115 所示。

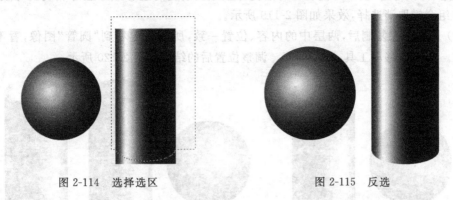

图 2-114　选择选区　　　　　　　　图 2-115　反选

(9) 使用 ⬭ 工具，在矩形区域顶部绘制椭圆形选区（绘制出椭圆形选区后，使用鼠标移动、调整选区的位置），如图 2-116 所示。

(10) 设置前景色为灰色，然后按 Alt＋Del 组合键，使用前景色填充选区，完成柱体效果，如图 2-117 所示。

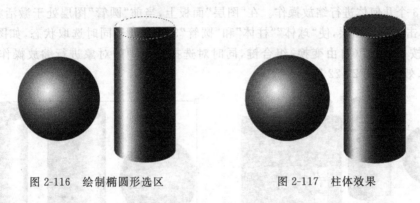

图 2-116　绘制椭圆形选区　　　　　　图 2-117　柱体效果

(11) 保持当前选择状态，复制"柱体"层（用鼠标拖动该层到"图层"面板 ⬚ 处，即可复制），并命名为"圆管"，如图 2-118 所示。

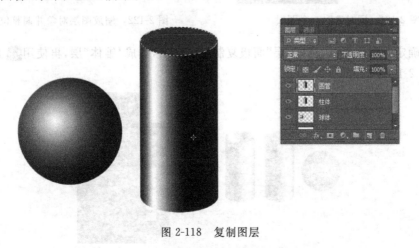

图 2-118　复制图层

(12) 选择渐变工具栏选项中的■工具,按住 Shift 键,使用当前渐变色对矩形选择域渐变填充(注意,再次勾选"反向",使现在的渐变与上一次渐变的色彩顺序正好相反)。完成后,按 Ctrl+D 组合键取消选择,效果如图 2-119 所示。

(13) 因为图层复制后,两层中的内容、位置一致,所以只能看到"圆管"图像,看不到"圆柱"图像。选择■移动工具,移动圆管。调整位置后的结果如图 2-120 所示。

图 2-119　渐变填充　　　　　图 2-120　图层复制并调整位置后的效果

(14) 最后生成锥体。现在看到,3 个几何体占据了文件的全部位置。在生成锥体对象之前,先对这 3 个几何体进行缩放操作。在"图层"面板上,当前"圆管"图层处于激活状态,按住 Shift 键,单击"球体"图层,使"球体""柱体"和"圆管"3 个层处于同时选取状态,如图 2-121 所示。然后,按 Ctrl+T(自由变换)组合键,同时对选择图层中的对象进行缩放操作。调整大小、位置后,效果如图 2-122 所示。

　　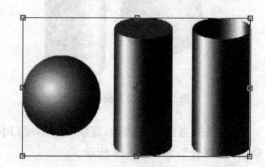

图 2-121　同时选取 3 个图层　　　　　图 2-122　缩放图层对象并调整位置

(15) 确定对象编辑后,在"图层"面板复制"圆管"层,生成"锥体"层,再使用■工具调整其位置,如图 2-123 所示。

图 2-123　复制并调整图层

(16) 使用 选择工具,在复制的图像上、下部分做矩形选择,如图 2-124 所示。

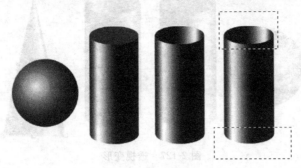

图 2-124　矩形选择

(17) 删除选择区域,得到矩形的渐变效果,如图 2-125 所示。

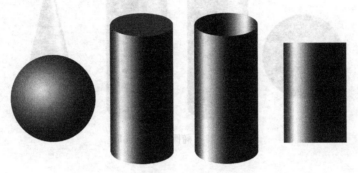

图 2-125　矩形渐变效果图

(18) 按 Ctrl+T 组合键激活自由变换,对当前图层的图像上下拉伸,效果如图 2-126 所示。

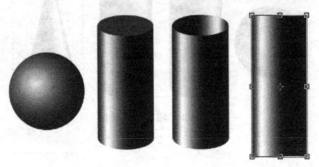

图 2-126　拉伸图像

(19) 确定后,使用"编辑"→"变换"→"透视"命令,对当前用来做锥体的图像做透视变形,效果如图 2-127 所示。

(20) 确定变换后,在锥体底部做椭圆形区域选取,如图 2-128 所示,然后增加矩形选区,结果如图 2-129 所示。

(21) 按 Ctrl+Shift+I 组合键进行选区反选,然后按 Del 键删除选区中的像素,完成锥体制作,效果如图 2-130 所示。选中背景层,在背景层中做色彩渐变,如图 2-131 所示。

(22) 同时选中除"背景"层外的 4 个图层,然后使用"图层"→"合并图层"命令,或按 Ctrl+E 组合键将 4 个图层合并,并复制得到新的图层,如图 2-132 所示,用于生成倒影。

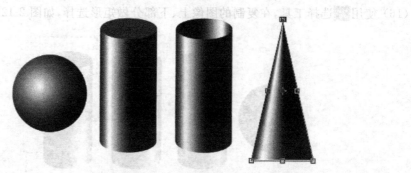

图 2-127　透视变形

图 2-128　椭圆形区域选取

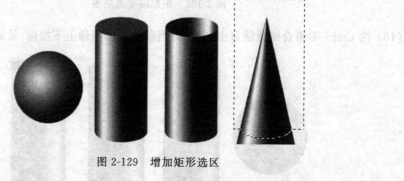

图 2-129　增加矩形选区

图 2-130　制作锥体

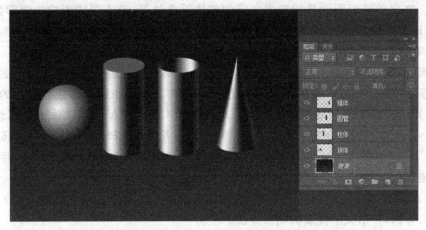

图 2-131 色彩渐变

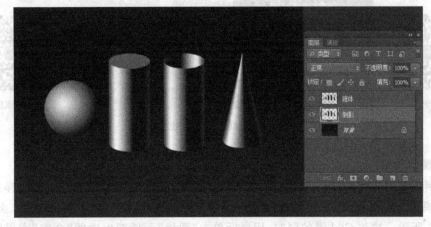

图 2-132 合并并复制图层

(23) 使用"编辑"→"变换"→"垂直变换"命令,将"倒影"图层的像素做上下镜像,并调整其位置,如图 2-133 所示。然后,在"图层"面板将"不透明度"调整为 25%,产生逼真的倒影效果,完成全部制作。最终效果如图 2-134 所示。

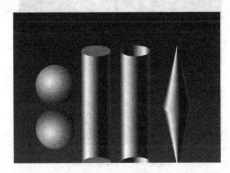

图 2-133 做镜像

图 2-134 最终效果

2.4.3 文字特效

在产品广告宣传以及其他平面设计中,文字作为重要元素,在设计中要考虑其可识别性和视觉美感。文字的可识别性是指考虑文字的整体诉求效果,给人以清晰的视觉印象,起到更好、更有效地传达信息,表达内容和构想意念的作用。文字在视觉传达中,作为画面的形象要素之一,具有传达感情的功能,因而它必须具有视觉上的美感,能够给人美的感受。

在平面展示设计中,为了增强和突出视觉效果,对标题文字进行特殊效果处理是一种基本手法。文字特效是 Photoshop 的一项重要功能,在制作具有可识别性和视觉美感的标题文字方面,其丰富的表现手段和效果超过了 Illustrator 和 CorelDRAW 等软件的平面设计效果。很多 Photoshop 学习网站介绍了大量的文字特效制作方法,以"PS 联盟"(www.ps68.com)为例,它提供了 700 多种 Photoshop 文字特效制作教程,为 Photoshop 使用者学习文字效果提供了极大方便。

在 Photoshop 中主要通过图层样式、滤镜等来制作文字效果。下面以图 2-135 所示的两种文字效果为例,介绍文字特效的制作方法。

(259KB)

(236KB)

图 2-135 文字特效

1. 金属字效果

(1)制作如图 2-135 所示的彩色描边文字,将综合运用文字、选区、画笔、图层样式、滤镜、色彩混合模式等方面的知识。首先建立背景为黑色的新文件,然后用文字工具输入文字,效果如图 2-136 所示。按住 Ctrl 键的同时,用鼠标单击"图层"面板新生成的"文字"图层的缩略图位置,调出文字选区,如图 2-137 所示。

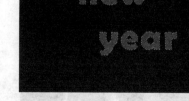

图 2-136 彩色描边文字   图 2-137 文字选区

(2)新建图层 1(保证后续的描边色彩位于新的图层),如图 2-138 所示,然后使用"编辑"→"描边"命令对选区描边,结果如图 2-139 所示。

图 2-138 新建图层

图 2-139 描边结果

（3）单击"图层"面板底部的"添加图层样式"图标，为图层 1 的描边文字添加外发光效果，参数设置如图 2-140 所示。

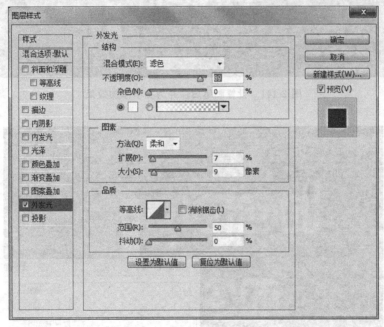
图 2-140 添加外发光效果

（4）新建图层并命名为"星光"，然后选择画笔工具。打开画笔预设面板，添加"星光"笔刷（笔刷可以自己绘制，也可以从网上下载），然后设定画笔的直径大小，在文字上添加星光效果，如图 2-141 所示。

（5）复制"星光"层，然后对新复制的"星光 副本"图层使用"滤镜"→"模糊"→"动感模糊"滤镜，角度设定为 0，产生水平动感模糊效果，如图 2-142 所示。再次复制"星光"层，并对新复制的"星光 副本 2"图层使用"滤镜"→"模糊"→"动感模糊"滤镜，角度设定为 90，产生垂直方向动感模糊效果，效果如图 2-143 所示。

（6）新建"色彩"层，然后选择画笔工具。在工具栏选项中，选择 喷笔工具，再设定合适的画笔直径，然后选择不同的色彩，在新建图层喷涂出七彩效果，如图 2-144 所示。

图 2-141　设置画笔属性并为文字添加效果

图 2-142　设置水平动感模糊效果

第 2 章 Photoshop 产品设计表现基础

图 2-143 设置垂直动感模糊效果

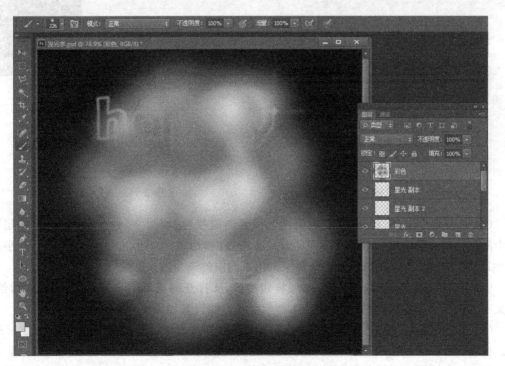

图 2-144 喷绘七彩效果

(7) 选择"图层"面板"混合模式"选项中的"颜色减淡"模式,图层叠加后的效果如图 2-145 所示。

(8) 把除背景层外的相关图层合并,最终效果如图 2-146 所示。

图 2-145　图层叠加后的效果　　　　　　图 2-146　最终效果图

2. 质感文字效果

（1）制作如图 2-147 所示的质感字体效果。除了使用图层样式外，结合图层复制、色彩渐变等处理方法，产生文字的厚度感，生成立体文字。

（2）首先建立新文件，再用文字工具输入文字，效果如图 2-148 所示。然后，把文字层栅格化为普通层，并复制生成新的"手机 副本"图层备用。

图 2-147　质感字体效果　　　　　　　　图 2-148　输入文字

（3）选择渐变工具，打开"渐变编辑器"，设置渐变颜色，如图 2-149 所示。激活"图层"面板中的▨锁定透明像素按钮，对"手"字做直线渐变；然后使用矩形选择工具选取"机"字，如图 2-150 所示，做反方向的直线渐变，两字产生不同向的渐变效果。

（4）单击"图层"面板底部的 fx 图层样式按钮，从打开的菜单中选择"斜面和浮雕"，给当前文字层添加图层样式，参数如图 2-151 所示。等高线设置如图 2-152 所示。

（5）复制当前层，得到"手机 副本"图层。对图层样式做细节上的调整，参数如图 2-153 所示。在"图层"面板设置当前层填充值为 0，不透明度值为 50%，效果如图 2-154 所示。

（6）选中"图层"面板中的"手机"图层，按住 Alt 键单击眼球图标，关闭其他图层的显示。选择渐变工具，调整渐变色彩如图 2-155 所示。在保证激活▨锁定透明像素按钮的前提下，采用直线渐变方式对文字做色彩渐变。

（7）再次按住 Alt 键单击"手机"图层的眼球图标，显示所有图层效果。使用移动工具调整当前图层的位置，效果如图 2-156 所示。

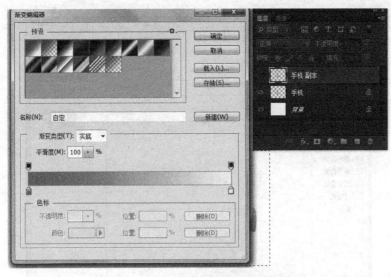

图 2-149 设置渐变颜色

图 2-150 分别对两个字做渐变

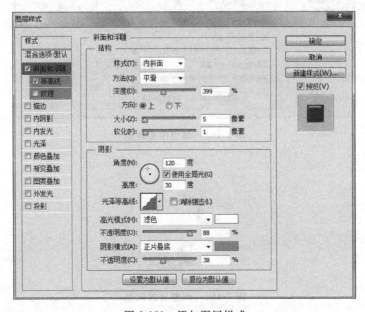

图 2-151 添加图层样式

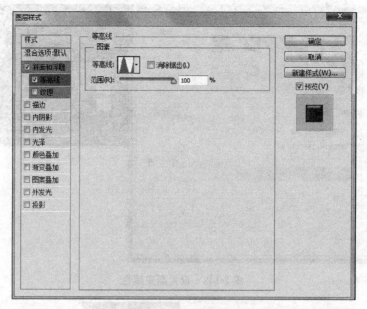

图 2-152　等高线设置

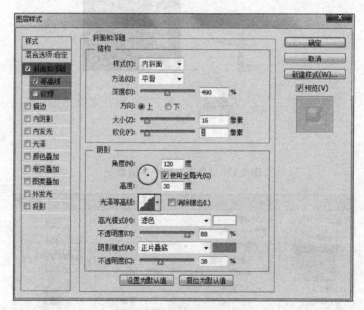

图 2-153　调整图层样式

图 2-154　调整后的效果

图 2-155 色彩渐变

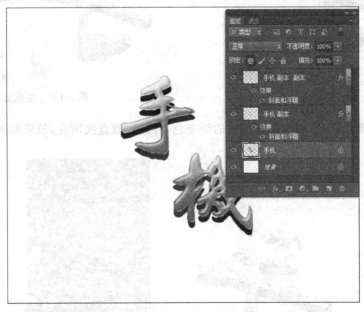

图 2-156 调整图层位置

（8）对用来生成立体厚度的色彩部分做细节处理。首先在"手机"图层上建立新的"细节"空白图层，如图 2-157 所示。

（9）选择钢笔工具，如图 2-158 所示绘制细节处的路径关系。打开"路径"面板，单击底部的 ■ 将路径作为选区载入按钮，生成选区，如图 2-159 所示。

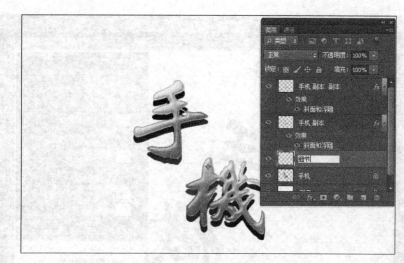

图 2-157 建立新图层

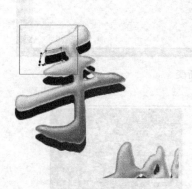

图 2-158 绘制细节路径关系

图 2-159 生成选区

(10) 选择渐变工具,使用当前设定的渐变色,对选区做直线渐变,效果如图 2-160 所示。

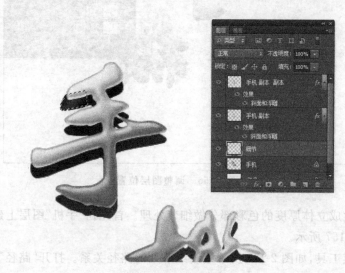

图 2-160 直线渐变

(11)当出现如图 2-161 所示的情况时,新生成的渐变色彩与原有色彩衔接不自然,可以如图 2-162 所示,单击"图层"面板的 ■ 图标,为当前层添加蒙版。

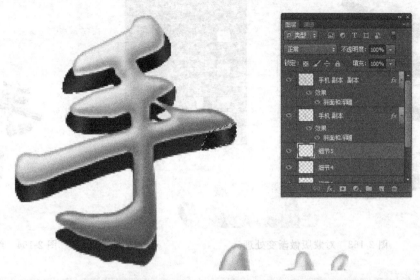

图 2-161　渐变色彩与原有色彩衔接不自然

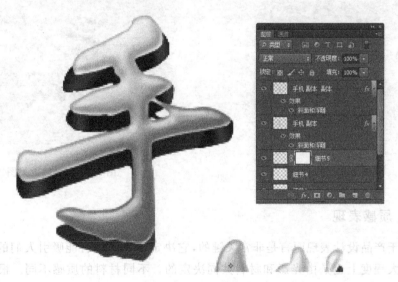

图 2-162　添加蒙版

(12)选择渐变工具,设定渐变色彩为"黑,白渐变",对蒙版做渐变处理,使色彩关系衔接自然,效果如图 2-163 所示。

(13)重复上述细节处理操作,完成后,效果如图 2-164 所示。

(14)打开素材文件,为当前文字效果添加背景,效果如图 2-165 所示。

(15)打开"手机"图层,为其添加"投影"图层样式,丰富字体效果。最终效果如图 2-166 所示。

产品设计表现技法——Photoshop 和 CorelDRAW

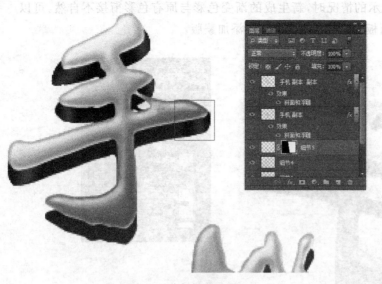

图 2-163　对蒙版做渐变处理　　　　　　　　　　　　　　　　图 2-164　细节处理效果

图 2-165　添加背景　　　　　　　　　　　　　　　　　　图 2-166　最终效果图

2.4.4　质感表现

质感对于产品设计表现而言是非常关键的,它决定了作品是否能吸引人们的眼球。质感的表现在很大程度上也是由光影和材料共同决定的。不同材料的质感不同。根据材料的不同,通常分为金属、塑料、玻璃、陶瓷、皮革等等。在 Photoshop 中,除了直接使用材质图片之外,通过设置图层样式和滤镜等,可以生成或清新或细腻的质感效果。

1. 水晶按钮效果

(1) 制作如图 2-167 所示的水晶质感按钮,主要运用色彩渐变和图层蒙版技巧。首先建立新文件,如图 2-168 所示。

(2) 新建图层,然后选择 ◯ 工具,按住 Shift 键绘制圆形;选择 ■ 工具,如图 2-169 所示,编辑渐变色彩。选择径向渐变方式,对选区做径向渐变。

(3) 使用椭圆工具绘制椭圆,然后使用"选择"→"变换选区"命令旋转椭圆角度,调整其大小和位置,结果如图 2-170 所示。确定选区变换后,在"图层"面板建立新层(图层 2),然后设置

前景色为白色。按 Alt+Del 组合键,用前景色填充选区,效果如图 2-171 所示,然后按 Ctrl+
D 组合键取消选择。

(95.8KB)

图 2-167　水晶质感按钮

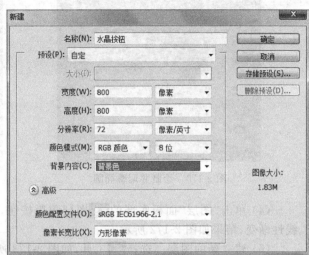

图 2-168　建立新文件

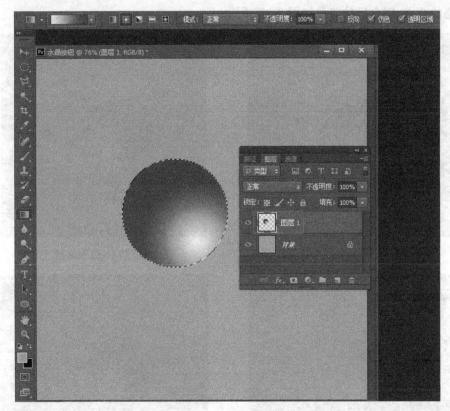

图 2-169　编辑渐变色彩

图 2-170　绘制并调整椭圆

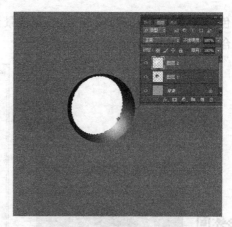
图 2-171　用前景色填充选区

（4）单击"图层"面板底部的 ■ 图层蒙版按钮,给图层 2 添加蒙版,并对蒙版做黑白斜向线性渐变,结果如图 2-172 所示。

（5）建立新的图层。选择 ✎ 工具,如图 2-173 所示,在按钮底部绘制路径。按下左键生成锚点后拖动鼠标可生成贝塞尔点,产生曲线效果。按住 Alt 键,单击贝塞尔点,消除贝塞尔点的一侧手柄,从而在生成新的锚点时可以自由调整曲线曲率,如图 2-174 所示。依次生成 3 个顺序相连的节点,闭合后的路径如图 2-175 所示。

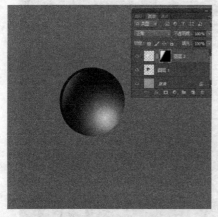
图 2-172　添加蒙版并做渐变

图 2-173　绘制路径

图 2-174　调整曲率

图 2-175　闭合的路径

(6) 在当前的图层3上单击"路径"面板底部的  填充路径按钮,用前景色填充路径,效果如图2-176所示。

(7) 如图2-177所示,使用"滤镜"→"模糊"→"高斯式模糊"命令,对图层3做模糊处理。模糊半径值由文件大小确定,以图像中的模糊效果合适为准。

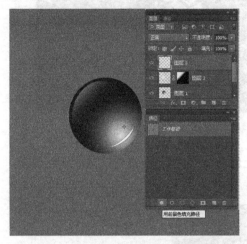
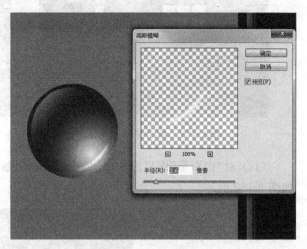

图 2-176 填充路径　　　　　　　　图 2-177 对图层 3 做模糊处理

(8) 新建图层4,然后使用圆形选择工具绘制圆形。按Alt+Del组合键,用前景色(白色)填充选区,效果如图2-178所示。按Ctrl+D组合键取消选择。

(9) 如图2-179所示,使用"滤镜"→"模糊"→"高斯式模糊"命令,对图层4做模糊处理。模糊半径值由文件大小确定,以图像中的模糊效果合适为准。

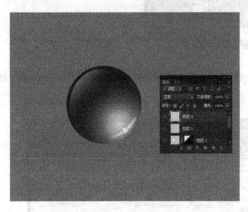
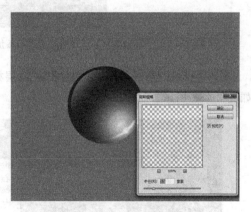

图 2-178 填充选区　　　　　　　　图 2-179 对图层 4 做模糊处理

(10) 如图2-180所示,建立新的"白矩形"图层,使用矩形选择工具绘制6个矩形选区,然后填充白色(注意:有多种方法生成6个选区,除了使用矩形选择工具外,还可以使用形状,但是要注意最后6个白色矩形位于同一层,便于后续操作)。

(11) 使用"编辑"→"变换"→"变形"命令,对白色矩形做如图2-181所示的变形处理(在Photoshop CS6版本新增加的变形命令提供了自由变形功能,可以通过手柄调整曲线的变形效果)。

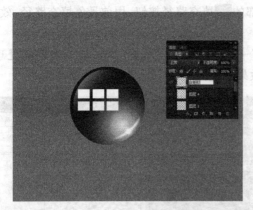

图 2-180 绘制并填充选区

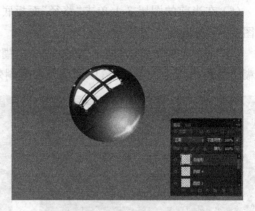

图 2-181 变形处理

（12）对"白矩形"图层添加图层蒙版，并在蒙版上斜向做黑白渐变，得到按钮的反光效果，如图 2-182 所示。

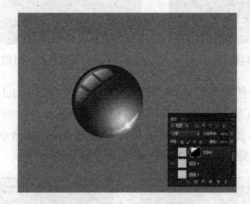

图 2-182 添加蒙版并做渐变

（13）选择"图层 1"，对其添加"投影"图层样式，色彩选择与按钮相一致的蓝色。参数和效果如图 2-183 所示。

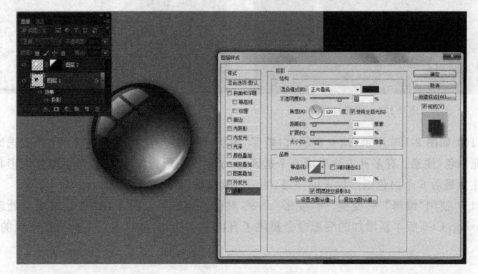

图 2-183 参数设置与效果

(14) 最终完成的彩色水晶按钮效果如图 2-184 所示。

2. 拉丝不锈钢效果

(1) 制作如图 2-185 所示的拉丝不锈钢效果，主要运用滤镜效果。

(261KB)

图 2-184　最终效果图　　　　　图 2-185　拉丝不锈钢效果图

(2) 首先建立新文件，然后选择渐变工具。在渐变编辑器中调整渐变色彩，如图 2-186 所示，做斜向直线渐变，如图 2-187 所示。

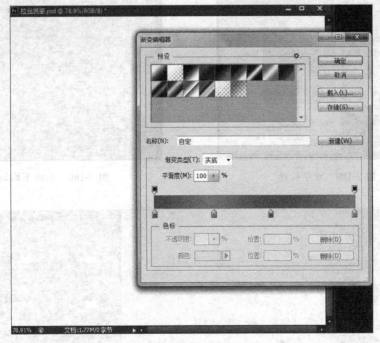

图 2-186　渐变处理

(3) 使用"滤镜"→"杂色"→"添加杂色"命令，对渐变色做杂色处理，参数如图 2-188 所示。

(4) 使用"滤镜"→"模糊"→"动感模糊"命令，如图 2-189 所示，设置角度为 0，做出水平方向的拉丝效果。

(5) 如图 2-190 所示，使用裁切工具去除两侧不均匀处。

(6) 使用"滤镜"→"渲染"→"光照效果"命令调整参数，如图 2-191 所示，添加光照效果，增强质感。

产品设计表现技法——Photoshop 和 CorelDRAW

图 2-187　渐变效果图

图 2-188　杂色处理

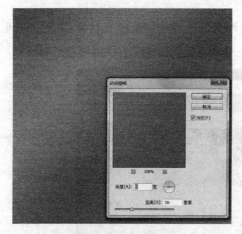

图 2-189　水平拉丝

图 2-190　去除不均匀

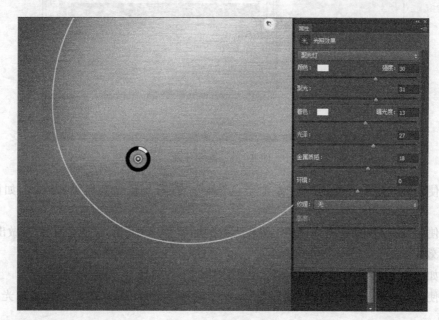

图 2-191　调整参数

(7) 使用"图像"→"调整"→"曲线"命令，或按 Ctrl+M 组合键，打开曲线调整界面，如图 2-192 所示，调整色彩的对比度关系。

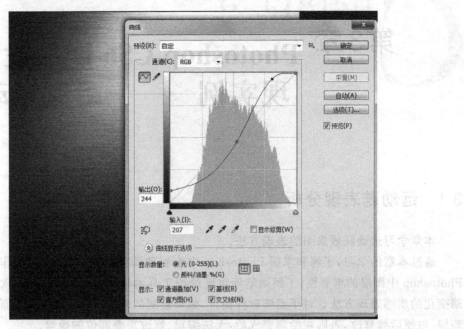

图 2-192　调整曲线色彩

(8) 最终效果如图 2-193 所示。

图 2-193　最终效果图

Chapter 3
第3章 Photoshop CS6 产品设计表现实例一——耐克运动鞋

3.1 运动鞋表现分析

本章学习运动鞋效果图的表现方法。

通过本章的学习,了解和掌握 Photoshop 中绘制和调整路径的方法,了解作为点阵软件,Photoshop 中图层的重要性,了解画笔等重要绘图工具的使用技巧,了解点阵软件中,图像明暗变化的质感表现方法。对于点阵软件而言,如果绘制的内容上下位置有重叠部分,需要建立新层,以便后续修改,否则在绘制完成后,无法编辑、修改重叠部位的像素。

效果图的关键在于整体把握和细节表现。本例中,运动鞋的鞋面材质是 PU 和纤维织物。在表现时,形状和 PU 质感较简单,难点在于纤维织物肌理和明暗质感的效果。

本章中学习制作的耐克运动鞋的照片如图 3-1 所示。

(866KB)

图 3-1 耐克运动鞋照片

3.2 绘制运动鞋的基本外形

在产品效果表现中,一般采用先绘制基本形状轮廓,再逐步细化的方法。本例先绘制运动鞋的基本形状,再不断进行质感细化。

(1) 新建如图 3-2 所示的空白文件,注意设定合适的尺寸和分辨率。如图 3-3 所示,打开"图层"面板,新建"基本外形"图层。

第3章　Photoshop CS6 产品设计表现实例——耐克运动鞋

图 3-2　新建空白文件　　　　　　图 3-3　新建图层

（2）选择工具栏中的 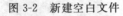矩形形状工具，在属性栏设置 路径 项（其余两项为"形状"和"像素"。"形状"项用于生成带有颜色的形状图形，以便进行形状锚点编辑，类似于 CorelDRAW 的形状绘制操作；"像素"项用于生成基本的点阵像素色彩，其形状不能被编辑），绘制如图 3-4 所示的基本矩形形状。使用 钢笔工具，结合 添加锚点工具、 删除锚点工具和 转换点工具（使用 工具时，按住 Alt 键，可以调节锚点的单侧手柄）调整运动鞋的外形（具体方法参见第 2.3.3 节。绘制路径的技巧比较多，先绘制轮廓，再删减节点、调整曲率，这种方法比较快捷、准确），效果如图 3-5 所示。

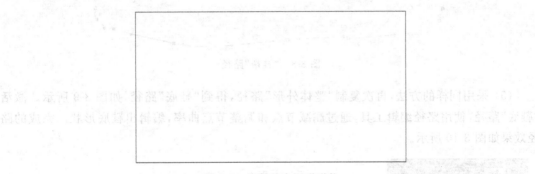

图 3-4　绘制基本矩形形状

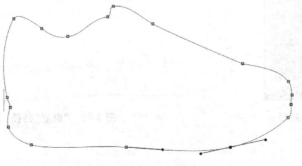

图 3-5　调整运动鞋外形

(3)打开"路径"面板,将新绘制的工作路径命名为"整体外形"(小贴士:绘制的路径保存在"路径"面板中,可以反复复制路径,并修改为需要的形状。在本例中,完成基本轮廓后,通过复制、修改,分别完成不同部位的制作),如图3-6所示。

(4)在"路径"面板中,按住鼠标左键,将"整体外形"路径拖到面板底部■新建图标按钮上进行复制,并将复制的路径命名为"鞋帮",如图 3-7 所示。使用路径调整工具调整、编辑"鞋帮"路径,得到如图3-8所示的鞋帮形状。

图 3-6 命名工作路径　　　　　　　　　图 3-7 将复制的路径命名为"鞋帮"

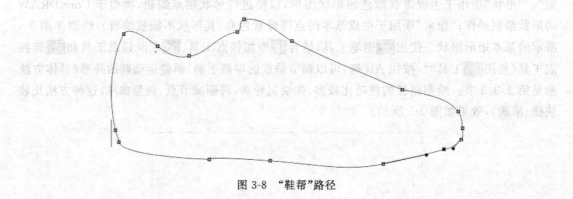

图 3-8 "鞋帮"路径

(5)采用同样的方法,再次复制"整体外形"路径,得到"鞋底"路径,如图 3-9 所示。激活"鞋底"路径,使用路径编辑工具,通过删减节点和调整节点曲率,编辑出鞋底形状。完成的路径效果如图 3-10 所示。

 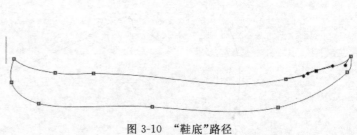

图 3-9 调整、编辑路径　　　　　　　　图 3-10 "鞋底"路径

3.3 绘制鞋帮

完成整体形状路径绘制后,分别制作鞋帮和鞋底效果。相比而言,鞋帮的细节较多,表现起来比较复杂。

3.3.1 制作鞋帮的基本效果

首先制作鞋帮的基本效果。

(1) 为了便于反复使用绘制好的鞋帮路径,在"路径"面板复制"鞋帮"路径,得到"鞋帮 1"路径,如图 3-11 所示。

(2) 设置前景色为灰白色,然后单击"路径"面板上的●填充路径按钮填充前景,效果如图 3-12 所示。

图 3-11 复制"鞋帮"路径　　　　　　　　图 3-12 前景填充

(3) 使用 工具,结合相应的形状编辑工具绘制"耐克"标志,如图 3-13 所示。设置前景色为黑色,然后单击"路径"面板上的●填充路径按钮填充前景,表现出鞋上的标志图案,效果如图 3-14 所示。

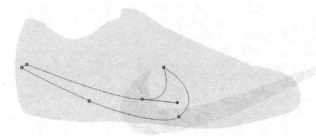

图 3-13 绘制"耐克"标志

图 3-14 前景填充

(4) 接下来绘制鞋的后帮。鞋的后帮部位是独立的 PU 材质,为了便于修改,在"图层"面板建立"后帮"层,如图 3-15 所示。打开"路径"面板,将"鞋帮 1"路径复制为"后帮"路径,并调整其形状(小贴士:重复复制路径,然后修改,得到相应的形状,而不是重新绘制。其优点有两个,一是快捷;二是形状更准确,更具有一致性和统一性),如图 3-16 和图 3-17 所示。单击"路径"面板底部的 转化路径按钮,将路径转换为选区,如图 3-18 所示。

图 3-15　新建"后帮"图层　　　　　　　图 3-16　复制路径

图 3-17　调整形状

图 3-18　将路径转换为选区

(5) 选择 渐变工具,如图 3-19 所示,编辑渐变色彩,选择线性渐变方式。按住 Shift 键,在选区中做水平渐变。完成的后帮效果如图 3-20 所示。

(6) 做出鞋舌部位的形状。首先在"图层"面板建立"鞋舌"图层,如图 3-21 所示。然后,在"路径"面板将"鞋帮 1"路径复制为"鞋舌"路径,如图 3-22 所示。编辑"鞋舌"路径,得到如图 3-23 所示的鞋舌形状。单击"路径"面板底部的 转化路径按钮,将路径转换为选区,再选择 渐变工具,使用上一步中编辑的渐变色彩,对新选区做线性渐变,得到鞋舌的基本效果如

图3-24所示。

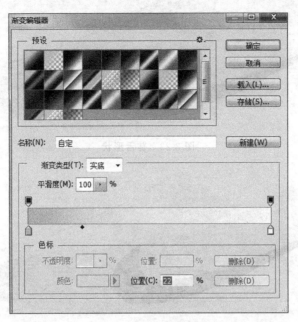

图 3-19 设置渐变

图 3-20 "后帮"的效果

图 3-21 建立"鞋舌"图层　　　图 3-22 复制"鞋舌"路径

图 3-23 鞋舌形状

图 3-24 鞋舌的效果

(7) 画出鞋的内里区域。首先在"图层"面板新建"内里"图层,如图 3-25 所示。然后,在"路径"面板将"鞋帮 1"路径复制为"内里"路径,如图 3-26 所示。编辑、调整内里区域的形状,如图 3-27 所示。确认前景色为白色,然后单击"路径"面板的 ● 填充路径按钮填充前景,效果如图 3-28 所示。

图 3-25 新建"内里"图层　　　图 3-26 复制"内里"路径

图 3-27 编辑、调整内里形状

图 3-28 前景填充

（8）到目前为止，分出了运动鞋的几个主要区域。为了使图像更便于观察，将背景层填充为黑色，效果如图 3-29 所示。

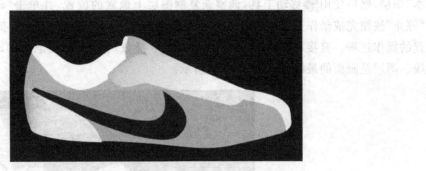

图 3-29 填充背景层

3.3.2 制作鞋帮主体的质感效果

制作出整体的基本效果后，接下来逐步细化各部分的质感。首先完成鞋帮主体的质感表现。观察运动鞋照片，可以通过明暗的变化和织物的纤维肌理表现出运动鞋的质感。

（1）首先在"图层"面板新建"纤维"图层，如图 3-30 所示。选择工具栏中 ╱ 直线工具，然后在对应的属性栏中选择 像素 ÷项，粗细设为"4 像素"，绘制如图 3-31 所示的白线。

图 3-30 新建"纤维"图层

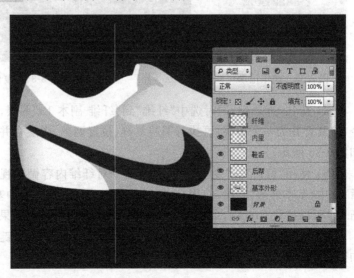

图 3-31 绘制白线

（2）鞋面上的纤维表现为一条一条的白线。这里学习使用 Photoshop 中的动作功能复制白线。打开"动作"面板，单击底部的 ◻ "新建动作"按钮，建立新动作。单击"记录"后，看到 ■ 记录键变成红色，处于动作记录状态，如图 3-32 所示。

图 3-32 建立并记录新动作

（3）进行动作记录。在"图层"面板，将"纤维"层拖动到"新建"按钮上，复制出"纤维 副本"图层，然后使用 ➤ 移动工具，调整新复制图层上像素的位置，并单击"动作"面板底部的 ■ "停止"按钮完成动作记录，如图 3-33 所示。这样，就完成了复制图层、调整图层上的内容的位置的操作过程。直接单击动作面板底部的 ▶ "播放"按钮，重复记录的动作，复制若干条白线。图层及画面的最终显示如图 3-34 所示。

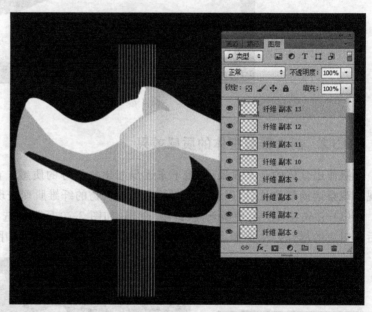

图 3-33 动作记录　　　　　图 3-34 复制白线

（4）按住 Shift 键，同时选中"纤维"到"纤维 副本 13"图层，再使用"图层"→"合并图层"命令，将其合并为一个图层，再执行图层复制、位置调整、图层合并等操作，完成鞋面的纤维表现，如图 3-35 所示。

（5）使用"编辑"→"变换"→"扭曲"命令对纤维内容做透视变形，效果如图 3-36 所示。然后，选中"基本外形"图层，使用"选择"→"载入选区"命令，选中基本外形图层的像素范围（小技巧：也可以按住 Ctrl 键，单击图层缩略图，选中图层内容），结果如图 3-37 所示。

（6）使用"选择"→"反选"命令，或按 Ctrl＋Shift＋I 组合键进行反选，然后按 Del 键，结果如图 3-38 所示。

图 3-35　鞋面的纤维表现

图 3-36　透视变形

图 3-37　选中基本外形图层像素

图 3-38　反选

（7）如图 3-39 所示，调整"纤维"图层的透明度为 20%，使其效果更加自然，看上去更像织物的纹理。

（8）使用"滤镜"→"模糊"→"高斯式模糊"命令，做白色纤维表现的柔和处理。参数设置及效果如图 3-40 所示。

（9）同时选中"纤维 副本 15"和"基本外形"图层（小贴士：按住 Ctrl 键，在"图层"面板分别单击两个图层,将其同时选中),再使用"图层"→"合并图层"命令将两层合并,命名为"鞋帮",并将其移动到图层的最后一层,背景图层的上一层。图层显示如图3-41所示,图像显示如图3-42所示。

图 3-39 调整"纤维"图层透明度

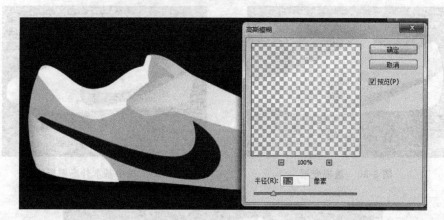

图 3-40 柔和处理

图 3-41 "鞋帮"图层

图 3-42 鞋帮图像

(10) 调整鞋面的明暗关系。选择工具箱中的 减淡工具,并设置属性栏中的画笔大小为

180像素,曝光度为30%,调整鞋面画面,效果如图3-43所示。然后,选择 加深工具,设置画笔大小为200像素,曝光度为30%,调整画面,效果如图3-44所示(小贴士：Photoshop作为点阵图像软件,使用加深、减淡工具做明暗处理。这是产品设计效果图质感表现的基本技法之一)。

图3-43　鞋面效果(减淡)

图3-44　鞋面效果(加深)

3.3.3　制作鞋舌效果

在鞋舌部分,除了表现出鞋舌的层次感之外,还应表现鞋带的效果。七彩的鞋带效果给这双运动鞋带来了丰富的色彩效果,是鞋舌部分效果表现的重点之一。

(1)首先在"图层"面板选中"鞋舌"图层,使之成为当前被编辑的主体。使用"图层"→"图层样式"→"投影"命令,对鞋舌图层做投影效果。参数设置如图3-45所示,完成后的效果如图3-46所示。

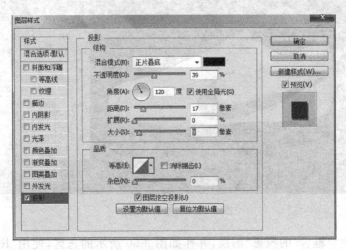

图3-45　参数设置

图 3-46 投影效果

(2) 调整新生成的投影部分。使用"图层"→"图层样式"→"创建图层"命令,将新生成的投影效果转化为图层。可以在"图层"面板中发现新的"鞋舌的投影"图层。将其选中,作为可操作的目标图层。使用选择工具,首先选择鞋舌上的 Logo 区域,如图 3-47 所示,再使用"图层"→"新建"→"通过剪切的图层"命令,生成新的"图层 1",如图 3-48 所示。调整"图层"面板上的填充值为 80%,使其阴影效果加重。调整完成的效果如图 3-49 所示。

图 3-47 选择 Logo 区域　　　　　　图 3-48 生成新图层

图 3-49 调整后的效果

(3) 再次选中"'鞋舌'的投影"图层,并作如图 3-50 所示的选区,使用"图层"→"新建"→

"通过剪切的图层"命令,生成新的"图层 2",如图 3-51 所示。调整"图层"面板上的填充值为 80%,然后单击"图层"面板底部的 ■ "添加蒙版"按钮,生成图层蒙版。选择工具栏 ■ 渐变工具,设定渐变色彩,如图 3-52 所示,在图层蒙版中做渐变,效果如图 3-53 所示。

图 3-50 选择区域　　　　　　　　　　图 3-51 生成新图层

图 3-52 渐变处理

图 3-53 渐变效果

(4) 再次选中"'鞋舌'的投影"图层，调整"图层"面板上的填充值为 20%，如图 3-54 所示。

图 3-54　调整填充值

(5) 绘制鞋舌部位 PU 上的车线。在"图层"面板的"鞋舌"图层上新建"车线"图层，如图 3-55 所示，然后使用钢笔工具画出如图 3-56 所示的"车线"路径。

图 3-55　新建"车线"图层

图 3-56　画"车线"路径

(6) 选择 ✎ 画笔工具，打开画笔面板，设定画笔参数如图 3-57 所示。将画笔"形状动态"中"角度抖动"的"控制"项选为"方向"（控制画笔沿路径的走势），如图 3-58 所示。

(7) 单击"路径"面板底部的 ○ "描边路径"按钮，产生描边效果。为了使效果自然，调整图层不透明度为 70%，效果如图 3-59 所示。

(8) 采用同样的方法绘制鞋舌部分的第 2 条车线，效果如图 3-60 所示。

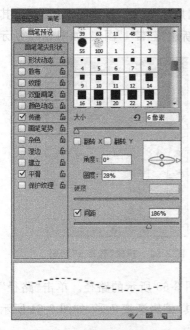
图 3-57 设置画笔参数

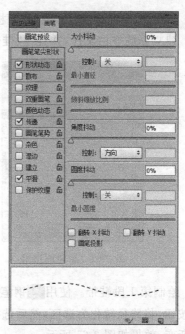
图 3-58 设置画笔走势

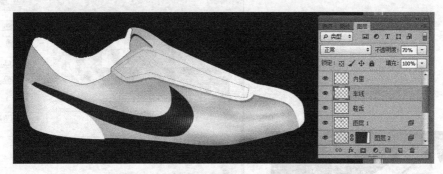
图 3-59 调整不透明度

图 3-60 绘制第 2 条车线

3.3.4 制作鞋带效果

接下来绘制鞋带。鞋带为七彩效果，为了制作方便，分成多段绘制，通过同一个图层组下的多个图层来实现。

(1) 如图 3-61 所示，单击"图层"面板底部的 "图层组"按钮，新建图层组，并将其命名为"鞋带"。建立新的空白文件，并且在"鞋带"图层组下新建"鞋带 1"图层，如图 3-62 所示。

图 3-61　新建图层组　　　　　　　　　图 3-62　新建"鞋带 1"图层

(2) 绘制第 1 段鞋带。使用 钢笔工具绘制如图 3-63 所示的路径。单击"路径"面板底部的 按钮，将路径转化为选区，然后选择 渐变工具，编辑渐变色彩，如图 3-64 所示。在选区中做渐变，效果如图 3-65 所示。

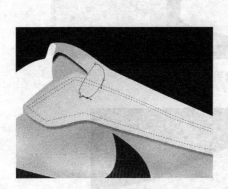

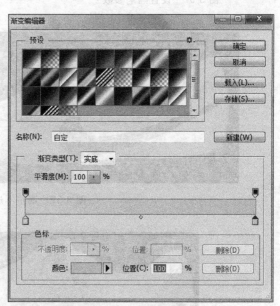

图 3-63　绘制路径　　　　　　　　　图 3-64　编辑渐变色彩

图 3-65　第 1 段鞋带效果图

(3) 绘制第 2 段鞋带。如图 3-66 所示,在当前图层组下新建"鞋带 2"图层,然后使用 钢笔工具绘制如图 3-67 所示的路径。设置前景色,单击"路径"面板底部的 按钮,将路径填充为前景色,效果如图 3-68 所示。

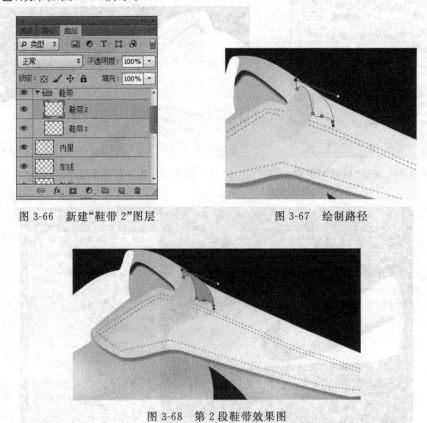

图 3-66　新建"鞋带 2"图层　　　　图 3-67　绘制路径

图 3-68　第 2 段鞋带效果图

(4) 采用同样的方法,新建如图 3-69 所示的"鞋带 3"图层,绘制路径,设置前景色,并做路径填充,完成后的效果如图 3-70 所示。

 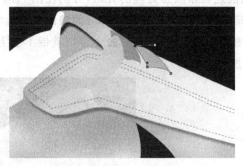

图 3-69　新建"鞋带 3"图层　　　　图 3-70　第 3 段鞋带效果图

(5) 如图 3-71 所示,新建"鞋带 4"图层,绘制路径,设置前景色,并做路径填充,完成的第 4 段鞋带效果如图 3-72 所示。

(6) 重复上述方法,新建图层,绘制路径,并填充色彩,完成鞋带基本效果的绘制,最后的效果如图 3-73 所示。

图 3-71 新建"鞋带 4"图层

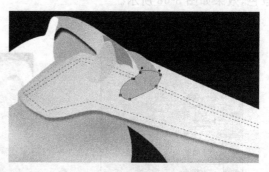
图 3-72 第 4 段鞋带效果图

图 3-73 鞋带的基本效果图

（7）逐个调整"鞋带"图层组下的图层，表现鞋带的质感和立体感。首先选中"鞋带 1"图层，运用前述鞋帮质感处理的方法，分别使用 减淡、加深工具，设置合适的笔尖大小，对鞋带做明暗处理。特别注意鞋眼部分的暗部效果。完成后的效果如图 3-74 所示。减淡工具"图层"→"图层样式"→"外投影"命令，对"鞋带 1"图层做阴影效果，参数设置及效果如图 3-75 和图 3-76 所示。

图 3-74 鞋带的明暗处理

第 3 章　Photoshop CS6 产品设计表现实例——耐克运动鞋

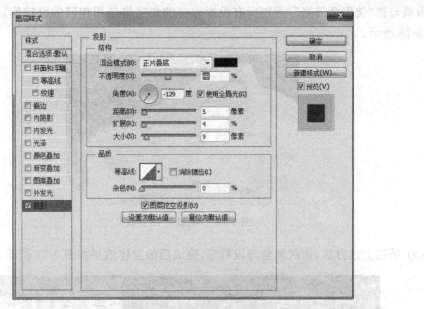

图 3-75　"鞋带 1"图层参数设置

图 3-76　"鞋带 1"图层效果

（8）选中"鞋带 2"图层，调整明暗，并做投影效果。图层样式设置参数如图 3-77 所示（注

图 3-77　"鞋带 2"图层参数设置

意：取消勾选"使用全局光",否则所有投影方向的角度将使用相同的设定值),完成后的效果如图 3-78 所示。

图 3-78 "鞋带 2"图层效果

(9)采用上述方法,依次调整每段鞋带,完成后的整体效果如图 3-79 所示。

图 3-79 鞋带整体效果

3.3.5 鞋后帮的质感表现

鞋后帮部分主要表现出 PU 材料的厚度和车线效果。

(1)首先在"图层"面板选中"后帮"图层,使其像素内容成为当前的编辑主体。使用"图层"→"图层样式"→"投影"命令,对"后帮"图层做投影效果(注意:在参数设置中取消勾选"使用全局光")。"投影"对话框参数设置及完成后的效果如图 3-80 和图 3-81 所示。

(2)接下来表现车线效果(基本方法在绘制鞋舌的车线时已经详细介绍)。如图 3-82 所示,新建"鞋帮车线"图层。绘制如图 3-83 所示的路径,然后设置画笔属性,并做路径描边。完成后的效果如图 3-84 所示。两条车线完成后的效果如图 3-85 所示。

3.3.6 内里质感表现

(1)首先选中"内里"图层,使其成为当前可编辑对象。使用"图层"→"图层样式"→"内阴影"命令(注意:在参数设置中,取消勾选"使用全局光"),对"内里"图层做内阴影效果。"内阴影"对话框参数设置及完成后的效果如图 3-86 和图 3-87 所示。

第 3 章　Photoshop CS6 产品设计表现实例——耐克运动鞋　99

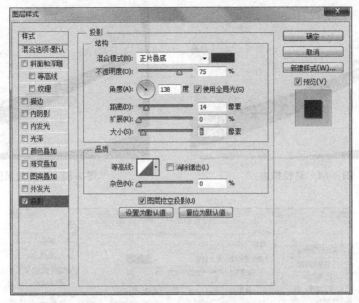

图 3-80　"投影"参数设置

图 3-81　投影效果

图 3-82　新建"后帮车线"图层

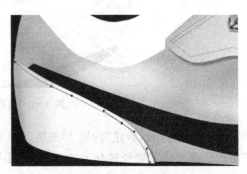

图 3-83　绘制路径

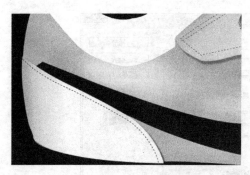
图 3-84　路径描边

图 3-85　车线效果图

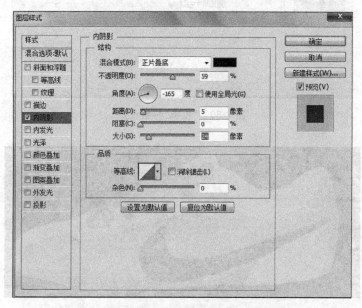
图 3-86　"内阴影"参数设置

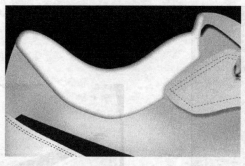
图 3-87　内投影效果

(2) 如图 3-88 所示，新建"内里 1"图层。作如图 3-89 所示的路径，然后按住 Alt 键，单击"路径"面板底部的 ▓ 将路径转化为选区按钮（小贴士：按住 Alt 键，单击此按钮，可以在转化选区时设置选区属性），在对话框中设置羽化值为 3 像素。选区属性设置对话框如图 3-90 所示。设置前景色为灰色，按 Ctrl+Del 组合键，将选区填充为灰色，效果如图 3-91 所示。

图 3-88 新建"内里 1"图层

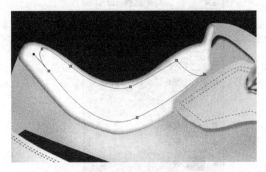

图 3-89 作路径

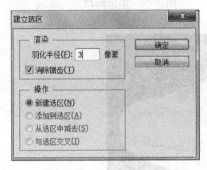

图 3-90 设置选区属性

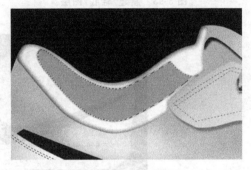

图 3-91 填充灰色

(3) 按 Ctrl+D 组合键取消选中。选择橡皮工具,设置笔尖大小为 200 像素,不透明度为 50%,擦除出鞋内里一侧自然的明暗关系。完成后的整体效果如图 3-92 所示。

图 3-92 鞋内里效果图

3.4 绘制鞋底

完成了鞋帮的效果后,接下来表现鞋底的效果。

(1) 如图 3-93 所示,新建"鞋底"图层。如图 3-94 所示,打开"路径"面板,激活"鞋底"路径。设定前景色为灰白色,然后单击"路径"面板底部的 ● 按钮填充路径,效果如图3-95所示。

图3-93 新建"鞋底"图层

图3-94 激活路径

图3-95 填充路径

(2)绘制鞋底的分段彩色软胶效果。如图3-96所示,新建"鞋底软胶"图层组,然后如图3-97所示,在当前图层组下建立"软胶1"图层。

图3-96 新建图层组

图3-97 建立图层

(3)使用 钢笔工具绘制如图3-98所示的路径。单击"路径"面板底部的 按钮,将路径转化为选区,然后选择 渐变工具,编辑渐变色彩,如图3-99所示。在选区中做渐变,效果如图3-100所示。

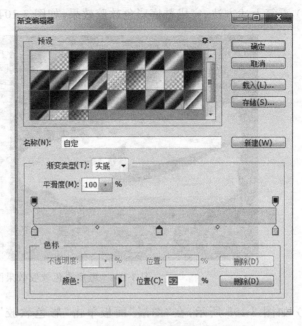

图 3-98 绘制路径　　　　　图 3-99 编辑渐变色彩

（4）绘制第 2 段彩色软胶。如图 3-101 所示，新建"软胶 2"图层。绘制如图 3-102 所示的路径，设置前景色，然后单击"路径"面板底部的 ● 按钮，做路径填充。完成后的效果如图 3-103 所示。

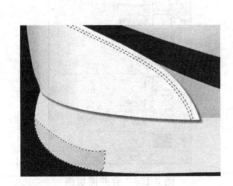

图 3-100 第 1 段软胶效果图　　　　　图 3-101 新建"软胶 2"图层

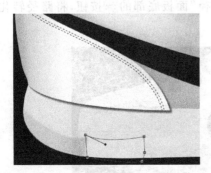
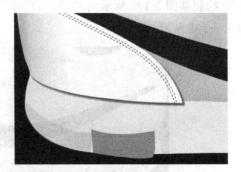

图 3-102 绘制路径　　　　　图 3-103 第 2 段软胶效果图

(5) 重复上述方法，完成鞋底彩色软胶效果，如图 3-104 所示。

图 3-104　鞋底彩色软胶效果图

(6) 如图 3-105 所示，在"图层"面板单击"彩色软胶"图层组，将其激活，然后使用"图层"→"合并组"命令将"彩色软胶"图层组合并为"彩色软胶"图层，如图 3-106 所示。

图 3-105　激活图层组

图 3-106　合并图层组

(7) 绘制如图 3-107 所示的路径，然后单击"路径"面板底部的▩按钮，将路径转化为选区，如图 3-108 所示。

图 3-107　绘制路径

第 3 章　Photoshop CS6 产品设计表现实例一——耐克运动鞋

图 3-108　将路径转化为选区

（8）使用"选择"→"反向"命令反转选择范围，然后按 Del 键，删除"彩色软胶"图层的选区部分。选中"鞋底"图层，同样按 Del 键删除选区部分。完成后的效果如图 3-109 所示。

图 3-109　删除选区部分的效果

（9）重新选中"彩色软底"图层，然后使用"图层"→"图层样式"→"投影"命令，如图 3-110 所示设置投影参数，效果如图 3-111 所示。

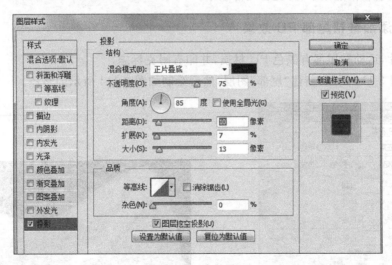

图 3-110　参数设置

（10）对鞋底部分做适当的调整、修改，完成运动鞋的基本效果，如图 3-112 所示。

图 3-111　投影效果

图 3-112　运动鞋基本效果图

3.5　运动鞋细节完善

最后为运动鞋添加细节,并完善局部效果。

3.5.1　添加鞋帮尾部 PU 效果

对照照片,运动鞋尾部有黑色 PU 材质,并印有耐克标志。

(1) 如图 3-113 所示,新建"尾部"图层,然后绘制如图 3-114 所示的路径。

图 3-113　新建"尾部"图层

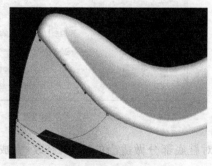

图 3-114　绘制路径

(2) 设定前景色为黑色,然后单击"路径"面板底部的 ● 按钮做路径填充,效果如图 3-115 所示。使用 ● 减淡工具做明暗调整(注意:选择属性栏中的"阴影"项,取消勾选"保护色调",并按实际情况调整笔尖大小),效果如图 3-116 所示。作如图 3-117 所示的选择域(注意:在生成选区之前,将属性栏中的羽化值设为 2 像素,使选区边缘柔和),然后对选区添加白色,做出尾部标志,如图 3-118 所示。

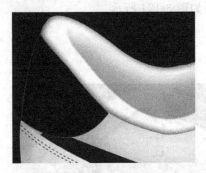

图 3-115 路径填充

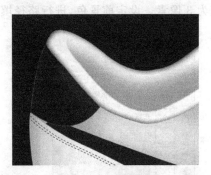

图 3-116 明暗调整

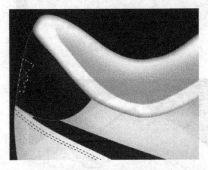

图 3-117 作选区

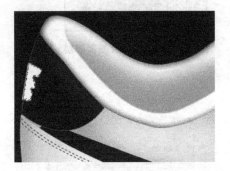

图 3-118 做尾部标志

(3) 运用前面学过的方法,绘制尾部黑色 PU 上的车线。如图 3-119 所示,新建"车线 2"图层,然后绘制路径并进行画笔描边。车线效果图 3-120 所示。

图 3-119 新建"车线 2"图层

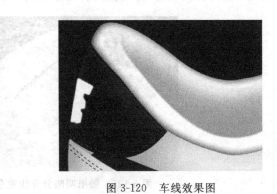

图 3-120 车线效果图

3.5.2 鞋舌细部表现

鞋舌部分要表现其厚度和鞋舌头部的 Logo。

（1）如图 3-121 所示，新建"鞋舌细部"图层，然后绘制如图 3-122 所示的路径。按住 Alt 建，单击路径面板底部的 将路径转化为选区按钮，如图 3-123 所示，在弹出的对话框中设置羽化值为 3 像素。设定前景色，进行路径填充，效果如图 3-124 所示。

图 3-121 新建鞋舌细部图层

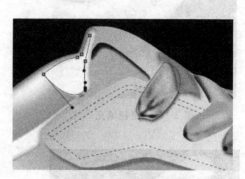

图 3-122 绘制路径

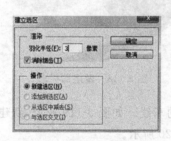

图 3-123 建立选区

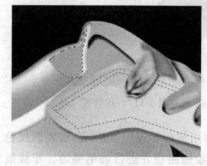

图 3-124 路径填充

（2）表现鞋舌部分的细部，分别做出明暗分界线和车线效果，如图 3-125 所示。

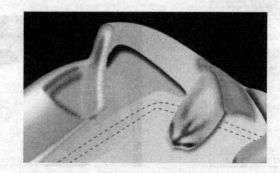

图 3-125 做出明暗分界线和车线效果

（3）添加鞋舌上的 Logo。绘制如图 3-126 所示的路径，做色彩填充，结果如图 3-127

所示。

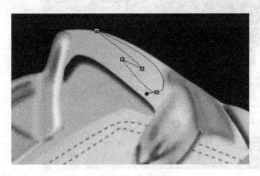

图 3-126　绘制路径　　　　　　图 3-127　色彩填充

（4）调整局部细节，完成后的效果如图 3-128 所示。

图 3-128　细部调整的效果

3.5.3　调整鞋底细节

鞋底细节主要是鞋底和鞋帮的衔接部分，首先要调整"后帮"图层和其他相关部位产生的阴影效果。

（1）选中"后帮"图层，使其成为当前可编辑层。使用"图层"→"图层样式"→"创建图层"命令，使后帮投影成为独立层。观察"图层"面板，发现生成了新的"'后帮'的投影"图层，如图 3-129 所示。

（2）按住 Ctrl 键单击"图层"面板的"鞋底"图层，载入其像素区域。确认当前层为"后帮"图层后，按 Del 键删除，效果如图 3-130 所示（删除了后帮与鞋底相交的多余部分）。选中"后帮的投影"图层，使其成为当前层，按 Del 键删除。采用此方法，将鞋底与鞋帮相交部位整理为正确的效果，如图 3-131 所示。

（3）表现鞋底与鞋帮衔接部分的质感。如图 3-132 所示，新建"衔接阴影"图层，然后使用钢笔工具绘制如图 3-133 所示的路径。选择画笔工具，设置笔尖大小为 10 像素，硬度为 0，不透明度为 80%，然后单击"路径"面板底部的按钮进行画笔描边，效果如图 3-134 所示。使用减淡工具调整，效果如图 3-135 所示。

图 3-129　建立新图层

（4）采用同样的方法，做出前端的衔接效果。完成后的整体效果如图 3-136 所示。

图 3-130　删除后帮与鞋底相交的多余部分

图 3-131　处理鞋底与鞋帮相交部位后的效果

图 3-132　新建"衔接阴影"图层

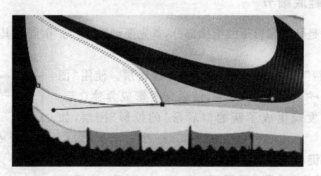

图 3-133　绘制路径

图 3-134　描边

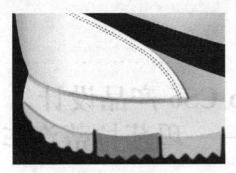 

图 3-135 减淡调整的效果　　　　　　　图 3-136 衔接效果图

3.5.4 细节调整完成

最后对整体做细化处理,完成耐克运动鞋效果表现,如图 3-137 所示。

图 3-137 完成的耐克运动鞋效果

Chapter 4 第4章 Photoshop CS6 产品设计表现实例二——玛莎拉蒂汽车

4.1 玛莎拉蒂汽车表现分析

汽车是复杂的工业产品,利用计算机完成汽车造型表现是产品设计表现的常规训练内容之一。图 4-1 所示是玛莎拉蒂汽车图片,本章以该图片为参照进行临摹训练,学习利用 Photoshop CS6 的路径、图层等基本功能完成汽车产品造型设计表现的技巧。临摹的基本思路是先绘制各部分的基本效果,再逐步细化,表现出更多细节。

在软件技巧方面,Photoshop 主要运用钢笔工具绘制基本形状,再结合渐变工具塑造出质感变化。本例的汽车表现以常规技巧为主,重点培养学生扎实的形体塑造能力。

使用 Photoshop 软件绘制复杂产品,尤其要注意图层的运用,特别是通过图层组简化图层数量,以便控制"图层"面板。

在形体塑造方面,产品设计表现中要注意透视关系和透视变形,充分运用透视原理表现出产品的优美造型。图 4-1 中的玛莎拉蒂汽车采用斜 45°角表现方法。45°是最常用的透视表现,可以最大限度地展示产品造型及更多细节,使产品展示的信息更全面。

(1.68MB)

图 4-1 玛莎拉蒂汽车图片

在工具技巧和命令使用方面,汽车质感表现充分运用了图层、路径、通道等功能;综合使用选择、画笔、渐变、加深、减淡、橡皮等工具,以及图层样式、图像色彩调整、滤镜等命令,技巧综合性强,涉及 Photoshop 软件应用的方方面面。

4.2 绘制汽车的基本外形

在开始绘制阶段，先确定汽车的基本轮廓。

在产品设计中，绘制基本外形有多种方法：一是先用铅笔在纸上绘制出大致轮廓，然后使用扫描仪等输入设备，再用 Photoshop 软件进行处理；二是直接使用 Photoshop 软件的路径功能绘制大致轮廓，包括各部分大形。本例将直接绘制大的外形，再对各部分进行细分表现。

（1）如图 4-2 所示，建立新的空白文件。绘制之前，先打开玛莎拉蒂汽车的参考图片。在临摹过程中，不断参照原始图片校正形体，训练使用鼠标绘制准确形状的技巧，为今后使用鼠标进行随心所欲的产品设计打下坚实的基础。

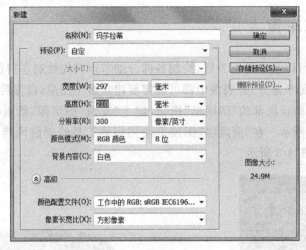

图 4-2 新建空白文件

（2）打开"图层"面板，如图 4-3 所示，首先建立"基本形状"图层。在当前层上使用 钢笔工具创建如图 4-4 所示的简单路径来确定汽车的大致外形，绘制的方法可以不同。有的人喜欢直接用钢笔工具绘制曲线，方法是在按下左键生成锚点后，拖动鼠标，调整节点所控制线段的曲率。生成的当前节点有两个控制手柄，在生成下一个节点前按住 Alt 键单击当前节点，去除后端手柄，依次不断产生节点，连接成任意由直线段和曲线段控制的形状。另一种方法是每次生成节点时，直接单击左键并释放，依次生成直线段，再使用 直接选择（选择单个锚点）、 添加锚点、 删除锚点和 转换点等工具调整锚点和线段的精度及曲率，得到准确造型。本例使用后一种方法，调整的结果如图 4-5 所示。

图 4-3 "图层"面板

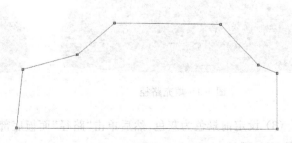

图 4-4 汽车的大致外形

(3) 设定前景色为香槟色,然后打开"路径"面板,单击 ◉ 用前景色填充路径按钮,填充路径,得到基本外形,效果如图4-6所示。

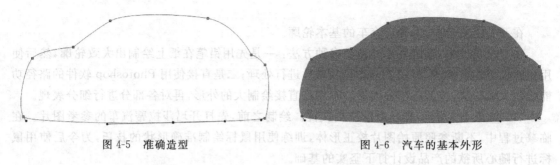

图4-5 准确造型　　　　　　　　　图4-6 汽车的基本外形

4.3 绘制汽车车窗

确定基本外形后,以基本轮廓为限,绘制各部分细节。首先绘制车窗前风挡和内侧车窗部分。在操作中,对于每个部分,在表现中都可能需要建立多个图层,以便后期修改。

(1) 单击"图层"面板底部的"图层组"按钮,建立"车窗"图层组,然后在当前组下建立"前风挡"图层,如图4-7所示。在"前风挡"图层上使用钢笔工具绘制前风挡的基本轮廓,编辑路径和锚点后,效果如图4-8所示。

 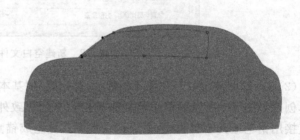

图4-7 建立"前风挡"图层　　　　　图4-8 编辑路径和锚点的效果图

(2) 对当前路径使用黑色填充,效果如图4-9所示。在"路径"面板中选中"前风挡"路径,然后使用 ▶ 工具调整路径形状,勾画出玻璃部分的透明区域,如图4-10所示。

图4-9 填充路径　　　　　　　　　图4-10 调整路径形状

(3) 设定前景色为灰色,然后单击"路径"面板底部的 ◉ 填充路径按钮填充当前路径,效果如图4-11所示。

第 4 章　Photoshop CS6 产品设计表现实例二——玛莎拉蒂汽车　115

图 4-11　填充路径

（4）在"车窗"图层组中建立新的"玻璃 1"图层，如图 4-12 所示。按住 Ctrl 键，单击"图层"面板的"前风挡"图层，选中前风挡区域，然后在确认当前层为"玻璃 1"，背景色为白色的前提下，按 Ctrl+Del 组合键填充选区，效果如图 4-13 所示。

图 4-12　新建"玻璃 1"图层

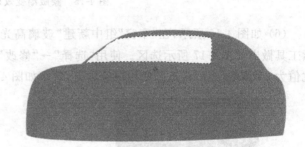

图 4-13　填充选区

（5）按 Ctrl+D 组合键取消选择，然后单击"图层"面板底部 蒙版图标。给"玻璃 1"图层添加蒙版，选择渐变工具，调整渐变色彩，如图 4-14 所示，在蒙版上产生渐变效果，结果如图 4-15 所示。

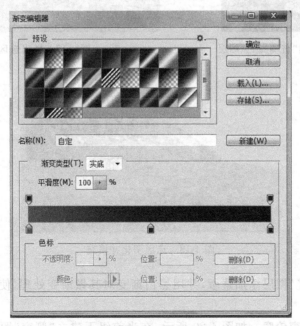

图 4-14　调整渐变色彩

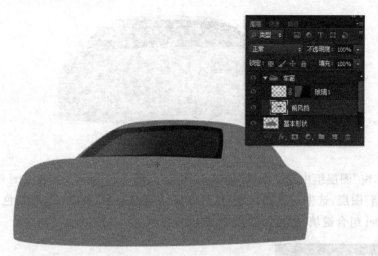

图 4-15　蒙版渐变效果图

（6）如图 4-16 所示，在"车窗"组中新建"玻璃高光"图层。在当前层上，使用多边形套索工具做出如图 4-17 所示选区。使用"选择"→"修改"→"羽化"命令，对选区做羽化处理，羽化值为 20 像素，然后将选区使用白色填充，效果如图 4-18 所示。

图 4-16　新建"玻璃高光"图层　　　　　图 4-17　做出选区

图 4-18　选区羽化并填充

（7）对"玻璃高光"图层添加蒙版，并用黑白渐变对其做渐变处理，使高光效果更加自然，效果如图 4-19 所示。

（8）绘制内侧车窗轮廓。如图 4-20 所示，在当前组下建立"侧窗"图层，在其上使用钢笔工具绘制内侧车窗的基本轮廓,然后编辑路径和锚点,效果如图 4-21 所示。设定前景色并填充路径,效果如图 4-22 所示。

图 4-19 渐变处理

图 4-20 建立"侧窗"图层

图 4-21 内侧车窗轮廓

图 4-22 填充效果图

(9) 使用"图层"→"图层样式"→"斜面和浮雕"命令,参数设置如图 4-23 所示,做出车窗的凸起质感,效果如图 4-24 所示。

(10) 按住 Ctrl 键,单击"图层"面板的"侧窗"图层,再选取图层内容,然后使用"选择"→"修改"→"收缩"命令,将选区向内收缩 15 个像素。利用光标键将选区向上、向左各移动 3 个像素,得到选区效果如图 4-25 所示。

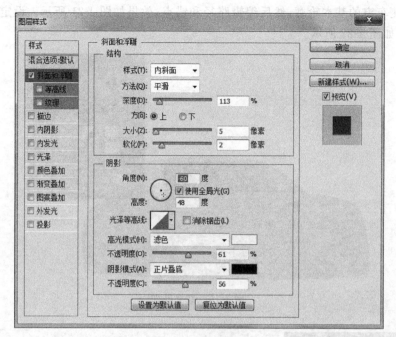

图 4-23 设置参数

图 4-24 凸起质感表现

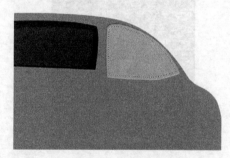

图 4-25 选区效果图

(11) 在当前图层组中新建"玻璃 2"图层,在其上利用灰色填充做出玻璃区域。图层及效果如图 4-26 所示。

图 4-26 新图层及其效果图

第 4 章　Photoshop CS6 产品设计表现实例二——玛莎拉蒂汽车

（12）回到"侧窗"图层，使用"选择"→"修改"→"羽化"命令，在对话框中设定羽化值为 5 个像素，将选区做羽化处理，然后移动选区位置，使用 加深工具将车窗轮廓部分做明暗处理，效果如图 4-27 所示。

（13）两个车窗的外形效果如图 4-28 所示。

图 4-27　车窗羽化及明暗处理效果　　　　　　　图 4-28　车窗外形

4.4　绘制引擎盖

为了把握整体效果，车窗部分只绘出了基本轮廓。鼠绘表现与手绘表现一样，在表现的过程中逐步深入，不断完善细节，便于控制整体效果。完成汽车车窗的基本形状之后，下面绘制汽车引擎盖效果。

（1）如图 4-29 所示，在"图层"面板新建"引擎盖"图层组，在其中建立"分缝线"图层。在当前层中使用钢笔工具绘制分缝线的轮廓，如图 4-30 所示。

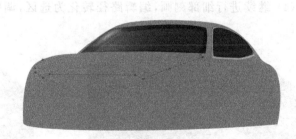

图 4-29　新建图层组　　　　　　　　　图 4-30　绘制分缝线轮廓

（2）分别使用 锚点选择和 转换点工具调整锚点所控制线段的形状，调整出分缝线的准确形状。设置前景色为黑色，选择笔刷工具，设定笔尖粗细为 3 像素，然后单击"路径"面板底部的 用画笔描边路径按钮，使用设定的画笔描出黑色的分缝线，效果如图 4-31 所示。

（3）如图 4-32 所示，新建"引擎盖"图层，使其位于"分缝线"图层之下。使用钢笔工具绘制不同光感区域的轮廓，如图 4-33 所示。单击"路径"面板底部的 将路径作为选区载入按钮,将路径转换为选区,如图 4-34 所示。设定引擎盖色彩,然后使用色彩渐变工具填充色彩,效果如图 4-35 所示。

图 4-31　描出分缝线　　　　　　　　　图 4-32　新建"引擎盖"图层

图 4-33　绘制不同光感区域的轮廓　　　　图 4-34　将路径转换为选区

(4) 继续进行细部刻画,编辑路径转化为选区,调整色彩并做渐变填充,效果如图 4-36 所示。

图 4-35　填充色彩　　　　　　　　　　图 4-36　细部处理效果

(5) 回到"基本形状"图层,选择画笔工具,激活属性栏 喷笔按钮,设定笔尖粗细为 260 像素,不透明度为 70%,喷出内侧翼子板处的高光效果,如图 4-37 所示。

(6) 继续在当前图层绘制如图 4-38 所示的路径,然后使用渐变工具设置渐变色,如

图 4-39 所示。将路径转换为选区,做线性渐变填充,效果如图 4-40 所示。

图 4-37 内侧翼子板高光效果

图 4-38 绘制路径

图 4-39 设置渐变色

图 4-40 线性渐变填充效果

(7) 刻画引擎盖的细节,绘制并编辑如图 4-41 所示的路径。将路径转化为选区后,使用渐变工具,做出如图 4-42 所示的渐变填充。

图 4-41 绘制并编辑路径

图 4-42 渐变填充

(8) 绘制如图 4-43 所示的路径,然后设置前景色填充路径,效果如图 4-44 所示,做出引擎盖的冲压造型细节。

(9) 保留第(8)步的路径,将其分为内、外两部分,然后使用画笔工具,设置前景色为白色,笔尖粗细为 3 像素,对外侧路径描边;选择下半部路径,选择 涂抹工具,设置画笔粗细为 25

像素,沿路径进行涂抹处理,使引擎盖的过渡转折部分表现更自然。完成后的效果如图 4-45 所示。

图 4-43 绘制路径

图 4-44 填充路径

(10) 如图 4-46 所示,新建"过渡转折"图层(新建图层的原则:如果新绘制的内容需要独立进行编辑变化,需要建立新图层,否则与原有像素叠加在一起,编辑时会比较困难,或无法编辑),然后在新建图层绘制路径。设置前景色为白色,笔尖粗细为 5 像素,不透明度为 35%,进行路径描边,效果如图 4-47 所示。

图 4-45 引擎盖过渡部分效果

图 4-46 新建"过渡转折"图层

(11) 使用"滤镜"→"模糊"→"高斯式模糊"命令,设置模糊半径为 2 个像素,对转折线做模糊处理。然后,选择橡皮工具,设置笔尖粗细为 15 像素,不透明度为 33%,对转折线做局部擦除处理,使其效果更加自然,如图 4-48 所示。

图 4-47 新建图层并路径描边

图 4-48 模糊处理

（12）选择画笔工具，激活属性栏中的喷笔按钮，然后设置笔尖大小为 42 像素，不透明度为 33%，喷出转折过渡线中部的高光，效果如图 4-49 所示。

（13）如图 4-50 所示，选中"引擎盖"图层，在其上绘制引擎盖外侧轮廓路径，如图 4-51 所示。

图 4-49　转折过渡线的高光效果

图 4-50　选中"引擎盖"图层

（14）将绘制的路径转换为选区，然后选择渐变工具，设置渐变色，如图 4-52 所示，做渐变填充，效果如图 4-53 所示。

图 4-51　绘制路径

图 4-52　设置渐变色

（15）选择画笔工具，确认属性栏中的喷笔按钮处于按下状态，前景色为白色。设置笔尖大小为 300 像素，不透明度为 50%，在保持选区存在的前提下，在选区右侧喷出引擎盖转折部位的高光效果，如图 4-54 所示。

（16）绘制如图 4-55 所示的路径，然后将路径转化为选区。设置渐变色彩，在选区中添加渐变色，效果如图 4-56 所示。

图 4-53　渐变效果

图 4-54　引擎盖转折部位高光效果

图 4-55　绘制路径

图 4-56　添加渐变色

（17）如图 4-57 所示，选中"过渡转折"图层，在其上调整路径。选择画笔工具，设置笔尖大小为 5 像素，使用白色前景色，设置不透明度为 50%，进行路径描边，效果如图 4-58 所示。

图 4-57　选中"过渡转折"图层

图 4-58　路径描边效果

（18）重复第（11）步的方法，使用"滤镜"→"模糊"→"高斯式模糊"命令，设置模糊半径为 2 像素，对转折线做模糊处理。然后，选择 橡皮工具，设置笔尖为 15 像素，不透明度为 33%，对转折线做局部擦除处理，使其效果更加自然，如图 4-59 所示。

图 4-59　模糊处理

4.5　绘制进气格栅

（1）如图 4-60 所示，建立"进气格栅"图层组，然后在其下建立"进气口外形"图层，绘制如图 4-61 所示的进气格栅口基本外形路径。

图 4-60　新建图层组及图层　　　　　图 4-61　绘制进气格栅口基本外形路径

（2）将路径转化为选择域，然后选择渐变工具，参数设置如图 4-62 所示，将路径转化为选区。设置渐变色彩在选区中添加渐变色，效果如图 4-63 所示。

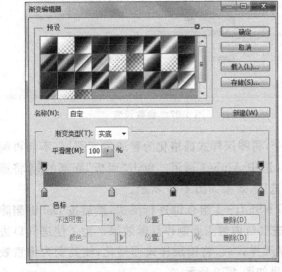

图 4-62　参数设置　　　　　　　　　图 4-63　添加渐变色

(3) 使用"选择"→"修改"→"收缩"命令，设置收缩量为 10 像素，进行选区收缩，效果如图 4-64 所示。打开"通道"面板，单击面板底部的 ■ 将选区存储为通道图标，将当前选区存为通道备用，如图 4-65 所示。

图 4-64　选区收缩效果　　　　　　　图 4-65　将选区存储为通道

(4) 使用"选择"→"修改"→"收缩"命令，设置收缩量为 16 像素（注意：第(3)步收缩 10 像素，这一步收缩 16 像素，相当于向内共收缩 26 像素），进行选区收缩，然后按 Del 键删除选区内像素，得到进气口边缘基本轮廓效果，如图 4-66 所示。

(5) 使用"图层"→"图层样式"→"斜面和浮雕"命令，设置参数如图 4-67 所示，做出进气口边缘的厚度效果，如图 4-68 所示。

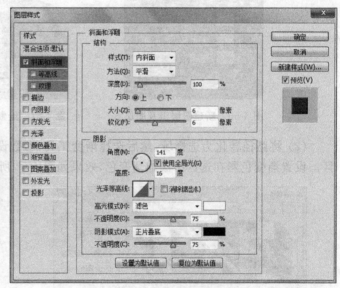

图 4-66　进气口边缘基本轮廓　　　　　图 4-67　参数设置

(6) 使用"图层"→"栅格化图层样式"命令，将图层样式栅格化为普通像素图层（不能再编辑图层样式的参数）。然后，打开"通道"面板，选中 Alpha1 通道。单击"面板"底部的 ■ 将通道作为选区载入按钮，载入第(3)步中保存的选区，效果如图 4-69 所示。

(7) 使用"选择"→"反选"命令，或按 Ctrl＋Shift＋I 组合键进行反选，然后按 Del 键删除选择的内容（小技巧：在这一部分的操作中，进气口内侧需要制作浮雕效果。为了使进气口边缘外侧无凹凸，先将进气口边缘做大，完成浮雕样式后，将图层样式栅格化，使其变为像素效果，再收缩选区，并将外侧凹凸部分删除），效果如图 4-70 所示。

图 4-68 进气口边缘厚度效果

图 4-69 将通道作为选区载入

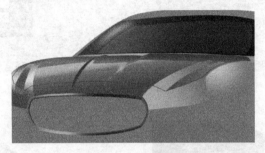
图 4-70 反选效果

（8）新建"进气口 1"图层，绘制如图 4-71 所示的选区。设置前景色，按 Alt＋Del 组合键填充色彩，效果如图 4-72 所示。使用"图层"→"图层样式"→"斜面和浮雕"命令，对当前内容添加浮雕效果，如图 4-73 所示。

图 4-71 绘制新选区

图 4-72 填充色彩

（9）使用"图层"→"栅格化图层样式"命令，将图层栅格化为普通像素图层，然后做如图 4-74 所示选区。按 Del 键删除选择的内容，使细节部位更加真实。

（10）新建"进气口 2"图层，选择 魔术棒工具，设置容差值为 1（只选择与取样点色彩值相同的颜色），勾选属性栏中的"连续"（选择在取样点色彩容差值范围内的连续色彩）、"对所有图层取样"选项，然后用魔术棒工具在图像进气格栅区域单击，做出选区如图 4-75 所示。

（11）选择渐变工具，编辑渐变色彩，对当前选区做渐变填充，效果如图 4-76 所示。使用"选择"→"修改"→"收缩"命令，设置收缩值为 8 像素，进行选区收缩，然后按 Del 键删除选区内容，结果如图 4-77 所示。

图 4-73 添加浮雕效果

图 4-74 栅格化图层

图 4-75 做出选区

图 4-76 渐变填充

图 4-77 选区收缩效果

(12) 按 Ctrl+D 组合键取消选择,然后使用"图层"→"图层样式"→"斜面和浮雕"命令,或单击"图层"面板底部的 fx 按钮,给当前内容添加浮雕效果,如图 4-78 所示。

(13) 在当前图层组建立"格栅"图层,并将其移到"进气格栅"图层组的最底层,如图 4-79 所示。

(14) 运用第(10)步的方法,选择进气格栅区域,如图 4-80 所示。设置前景色为黑色,按 Alt+Del 组合键填充选区,效果如图 4-81 所示。

第 4 章　Photoshop CS6 产品设计表现实例二——玛莎拉蒂汽车　129

图 4-78　添加浮雕效果

图 4-79　建立并移动新图层

图 4-80　选择区域

图 4-81　填充颜色

（15）新建"竖格栅"图层，如图 4-82 所示。在当前图层绘制路径，然后选择画笔工具，设置笔尖大小为 5 像素，不透明度为 100%。单击"路径"面板底部的 ○ 描边路径按钮，对路径描边。重复此操作，绘制竖格栅，效果如图 4-83 所示。

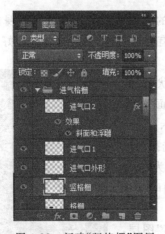

图 4-82　新建"竖格栅"图层

图 4-83　路径描边

（16）调整"竖格栅"图层的不透明度，设置图层不透明度为 50%，效果如图 4-84 所示。选择 橡皮工具，设置笔尖大小为 35 像素，笔尖硬度为 0，不透明度为 35%，对竖格栅进行擦除处理，使其效果更加自然，如图4-85所示。

图4-84 调整图层不透明度

图4-85 擦除处理

4.6 绘制汽车侧面

完成引擎盖和进气格栅表现之后，接下来绘制汽车的内侧面。应注意处理车身的整体效果。尽管车侧面和引擎盖是分开绘制的，但车身是一个有机的整体，表现时要处理好几个部分之间的衔接关系。

（1）首先新建"侧面"图层组，将其放置在"基本形状"图层之上，如图4-86所示。然后，在当前图层组下新建"侧面1"图层，并绘制侧面车身质感的控制轮廓路径，如图4-87所示。

（2）设置前景色，填充路径，效果如图4-88所示。选择减淡工具，设置笔尖大小为200像素，笔尖硬度为0，曝光度为20%（用于控制减淡的程度），对侧面质感做减淡处理，产生明暗变化的光感，效果如图4-89所示。

（3）绘制车门底部。在当前图层组新建"车门底部"图层，如图4-90所示。在当前图层绘制路径如图4-91所示。设置前景色，填充路径。使用第（2）步的方法，选择减淡工具，设置合适的笔尖大小和曝光度，调整车门底部光感，得到更加逼真的效

图4-86 新建图层组

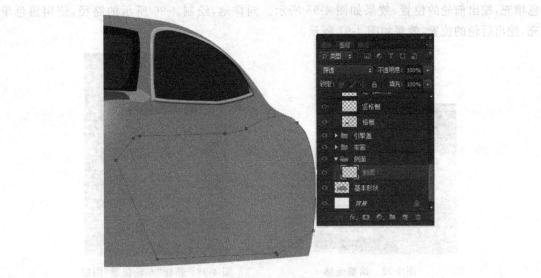

图 4-87 绘制路径

图 4-88 填充路径

图 4-89 减淡处理

图 4-90 新建"车门底部"图层

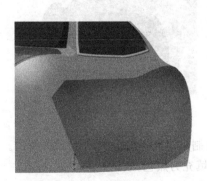

图 4-91 填充路径

果,如图 4-92 所示。

(4) 现在看上去,侧面底部比较突兀,可以先挖出前、后车轮的位置,以便更好地控制整体比例和效果。首先建立"车轮位置"图层,如图 4-93 所示。绘制如图 4-94 所示的路径,使用黑色填充,挖出前轮的位置,效果如图 4-95 所示。同样地,绘制 4-96 所示的路径,使用黑色填充,挖出后轮的位置,效果如图 4-97 所示。

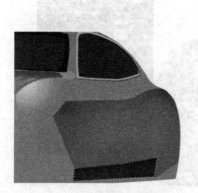

图 4-92　调整光感

图 4-93　新建"车轮位置"图层

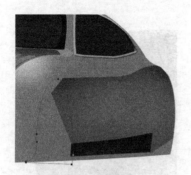

图 4-94　绘制路径

图 4-95　挖出前轮位置

图 4-96　绘制路径

图 4-97　挖出后轮位置

(5) 绘制汽车侧面底部的黑色下坎部位。如图 4-98 所示,新建"下坎"图层,然后绘制下坎路径,并填充为黑色,效果如图 4-99 所示。

(6) 绘制车门的分缝线。如图 4-100 所示,在当前图层组中建立"门缝线"图层,然后绘制门缝线的路径,如图 4-101 所示。选择画笔工具,设定笔尖大小为 3 像素,进行路径描边,效果如图 4-102 所示。重复此步骤,分别画出第 2 条和第 3 条门缝线,效果如图 4-103 所示。

图 4-98　新建"下坎"图层

图 4-99　绘制并填充下坎路径

图 4-100　新建"门缝线"图层

图 4-101　绘制门缝线路径

图 4-102　路径描边

图 4-103　画出第 2 条和第 3 条门缝线

（7）调整门缝线的效果。在"图层"面板调整"门缝线"图层的不透明度为 30%，效果如图 4-104 所示。

（8）表现车门下部下凹的高光效果。如图 4-105 所示，选中"图层"面板的"侧面 1"图层，然后选择 加深工具，设置笔尖大小为 800 像素，硬度为 0，曝光度为 55%，对车门下半部做细微的颜色加深处理，效果如图 4-106 所示。选择画笔工具，设定前景色为白色，调整笔尖大小为 200 像素。激活属性栏的 喷笔选项，设定不透明度为 80%，喷涂出反光区，效果如图 4-107 所示。

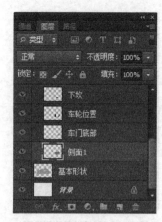

图 4-104　调整门缝线效果　　　　图 4-105　选中"侧面 1"图层

图 4-106　颜色加深处理　　　　图 4-107　喷涂出反光区

（9）绘制车门下侧的分缝效果。如图 4-108 所示，新建"门缝线 2"图层。绘制并调整出如图 4-109 所示的路径，确认前景色为白色。选择画笔工具，设定笔尖大小为 5 像素，不透明度为 100％，进行路径描边，效果如图 4-110 所示。

图 4-108　新建"门缝线 2"图层　　　　图 4-109　绘制并调整路径

（10）在"图层"面板调整当前图层的不透明度为 70％，然后选择橡皮工具，设置笔尖大小为 60 像素，笔尖硬度为 0，不透明度为 35％，对绘制的门缝线进行擦除处理，使其效果更加自然，如图 4-111 所示。

图 4-110　路径描边　　　　　　　　图 4-111　擦除处理

(11) 使用"图层"→"图层样式"→"投影"命令,设置参数如图 4-112 所示,对底部的分缝线做投影效果,使之产生深度感,效果如图 4-113 所示。

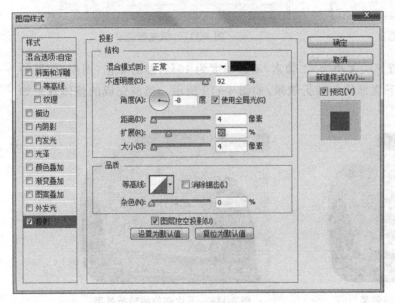

图 4-112　参数设置　　　　　　　　图 4-113　投影效果

(12) 调整下坎的效果。如图 4-114 所示,在"图层"面板激活"下坎"图层,绘制如图 4-115

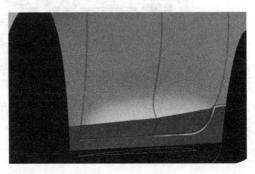

图 4-114　激活"下坎"图层　　　　　图 4-115　绘制路径

所示的路径。按住 Alt 键，单击"路径"面板底部的■将路径作为选区载入按钮，弹出如图 4-116 所示的对话框(小贴士：使用此方法，可以在路径转化为选区时设定选区的羽化值，进行载入选区与现有选区的加减计算)。设置羽化值为 3 像素，得到选择域，然后使用"编辑"→"填充"命令，如图 4-117 所示。设置不透明度为 60％的白色填充，效果如图 4-118 所示。

图 4-116　建立选区

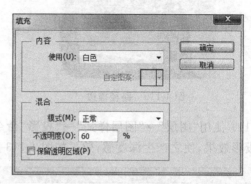

图 4-117　填充颜色

（13）选择画笔工具，设置笔尖大小为 41 像素，不透明度为 10％，然后单击"图层"面板的■锁定透明像素按钮，刷出下坎部位的转折效果，如图 4-119 所示。当前完成的整体效果如图 4-120 所示。

图 4-118　填充的效果

图 4-119　下坎部位的转折效果

图 4-120　目前的整体效果

4.7 绘制汽车前脸

到目前为止，对于汽车车身，只剩下前脸部分还未绘制。前脸部分的表现关键在于处理好前脸与引擎盖和侧面车身之间的过渡衔接。

（1）如图 4-121 所示，首先新建"前脸"图层组，在其下新建"前脸 1"图层，然后绘制如图 4-122 所示的路径，再将路径转化为选区（注意：转化选区时，按住 Alt 键单击▦，并将羽化值改为 0。因为在制作下坎高光时将羽化值设为 3 像素，如果不修改，每次转化都会有羽化值）。选择渐变工具，设置渐变色彩，如图 4-123 所示，对选区做线性色彩渐变，效果如图 4-124 所示。

图 4-121 新建图层组和图层

图 4-122 绘制路径

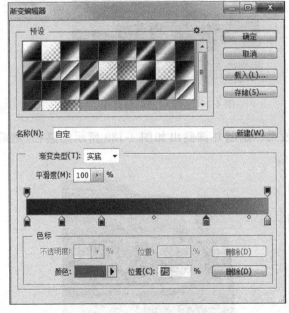

图 4-123 设置渐变色彩

图 4-124 渐变处理

（2）单击"图层"面板底部的▦图层蒙版按钮，设置渐变色为黑白，对当前图层做黑白渐变蒙版,使前脸与车侧面之间产生衔接自然的过渡,效果如图 4-125 所示。

图 4-125 做黑白渐变蒙版

(3) 如图 4-126 所示,在当前图层组下新建"前脸 2"图层。绘制并调整出如图 4-127 所示的路径,然后将其转化为选区。设置参数,在选区中完成车前脸右侧的色彩渐变,效果如图 4-128 所示。

图 4-126 新建"前脸 2"图层　　　　图 4-127 绘制并调整路径

(4) 表现汽车前脸的转折过渡和高光效果。绘制并调整出如图 4-129 所示的路径,然后设置前景色,填充路径,效果如图 4-130 所示。

图 4-128 色彩渐变　　　　图 4-129 绘制并调整路径

(5) 表现底部的凹陷细节。如图 4-131 所示,新建"前脸细节"图层,然后绘制路径如图 4-132 所示。设定前景色填充路径,效果如图 4-133 所示。为了突出凹凸和转折曲面的色彩变化,分别选择减淡和加深工具,设定合适的笔尖大小和不透明度,进行明暗调整,效果如图 4-134 所示。

图 4-130　填充路径　　　　　　　　图 4-131　新建"前脸细节"图层

图 4-132　绘制路径　　　　　　　　图 4-133　填充路径

(6) 继续绘制如图 4-135 所示的路径,设置前景色进行填充,然后使用减淡工具调整明暗关系,效果如图 4-136 所示。调整左侧前脸底部的明暗关系,如图 4-137 所示。

图 4-134　明暗调整效果　　　　　　图 4-135　绘制路径

(7) 选中"前脸 1"图层,表现另一侧的前脸底部细节。如图 4-138 所示,绘制底部路径,将路径转化为选区,再使用 减淡和 加深工具调整明暗关系,效果如图 1-139 所示。

图 4-136 明暗调整效果　　　　　图 4-137 调整明暗关系

图 4-138 绘制路径

图 4-139 明暗调整效果

（8）新建"前脸细节 1"图层，绘制如图 4-140 所示路径。选择画笔工具，设定笔尖大小为 10 像素，不透明度为 100%，前景色为白色，进行路径描边，效果如图 4-141 所示。

（9）首先在"图层"面板调整当前图层的不透明度为 60%，然后选择 橡皮工具，设置笔尖大小为 60 像素，笔尖硬度为 0，不透明度为 35%，对刚绘制的明暗转折线线进行擦除处理，使其效果更加自然，如图 4-142 所示。

图 4-140　绘制路径

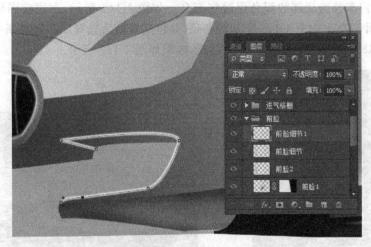

图 4-141　路径描边

(10) 如图 4-143 所示,在当前图层组新建"前脸底部"图层,并将其放置在当前图层组的最底部。绘制如图 4-144 所示的路径,设置前景色为黑色,填充路径,效果如图 4-145 所示(小贴士:在绘制路径时,不需要绘制非常准确的形状,因为当前层在"前脸"图层组的底部,位于其上的图层会遮住重叠部分的黑色。因此为了便于绘制路径,将"前脸底部"图层放在当前图层组的最底部)。

图 4-142　擦除处理

图 4-143　新建"前脸底部"图层

图 4-144 绘制路径 　　　　　　　　图 4-145 填充路径

(11) 表现汽车前脸底部的深色保险杠部分。如图 1-146 所示,在当前图层组新建"保险杠"图层,绘制并调整出如图 4-147 所示的路径,并将其转换为选择域。选择渐变工具,编辑渐变色,如图 4-148 所示。对选区进行渐变填充,效果如图 4-149 所示。

图 4-146 新建"保险杠"图层 　　　图 4-147 绘制并调整路径

图 4-148 编辑渐变色 　　　　　　　图 4-149 渐变填充

(12) 表现保险杠的质感。用选择工具画定选区，然后使用加深工具，设置合适的笔尖大小和曝光度，刻画凹陷转折，效果如图 4-150 所示。同样地，在对侧进行相同的编辑，效果如图 4-151 所示。

图 4-150　刻画凹陷转折

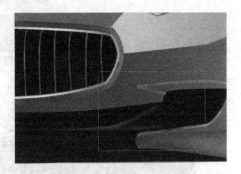

图 4-151　在对侧进行相同的编辑

(13) 如图 4-152 所示，新建"保险杠高光"图层，用来表现保险杠凸起部分的高光效果。绘制如图 4-153 所示路径，并将其转化为选区。使用"选择"→"修改"→"羽化"命令，将选区羽化 2 个像素（使其边缘柔和）。设置前景色为白色，按 Alt＋Del 组合键填充选区，效果如图 4-154 所示。

图 4-152　新建"保险杠高光"图层

图 4-153　绘制路径

图 4-154　羽化并填充选区

(14) 单击"图层"面板底部的 ◻ 图层蒙版按钮，处理刚产生的高光。设置渐变色为黑白，对当前图层做黑白渐变蒙版，使高光的尾部转折更自然，效果如图 4-155 所示。调整图层透明度为60%,高光效果如图4-156所示。

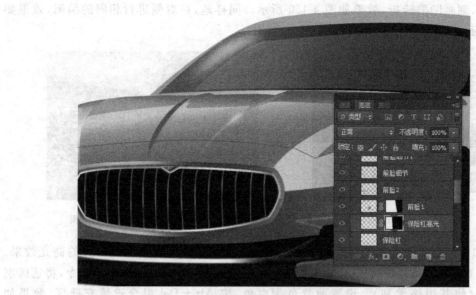

图4-155 做黑白渐变蒙版

(15)继续绘制保险杠高光转折线。如图4-157所示,新建"保险杠高光1"图层,绘制如图4-158所示路径,设置前景色为白色。选择画笔工具,设置笔尖大小为6像素,进行路径描边,效果如图4-159所示。

图4-156 高光效果

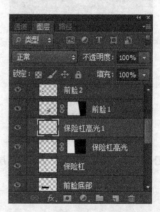

图4-157 新建"保险杠高光1"图层

图4-158 绘制路径

图4-159 路径描边

(16) 运用第(14)步的方法,调整图层透明度,然后对图层添加蒙版,并做渐变蒙版编辑(渐变色彩如图 4-160 所示,"时间"图层表现为"淡入—显示—淡出"效果),效果如图 4-161 所示。

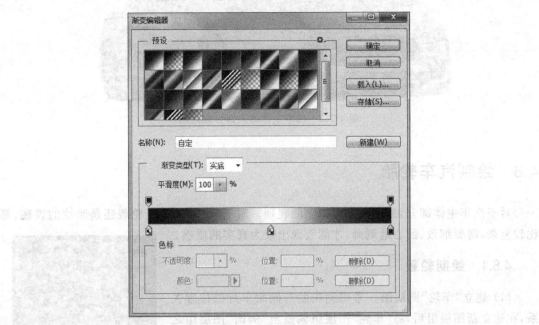

图 4-160　编辑渐变蒙版

图 4-161　渐变蒙版效果

(17) 到目前为止,绘制完成汽车主体的大部分,效果如图 4-162 所示。

图 4-162　汽车主体的大部分效果图

4.8　绘制汽车轮胎

对于汽车主体部分，最后来完成轮胎的表现。对于轮胎，无论是轮毂还是胎纹的表现，都比较复杂，需要细致、耐心地刻画，才能表现出较为真实的质感。

4.8.1　绘制轮毂

(1) 建立"车轮"图层组。考虑到轮胎与侧面车身的位置关系，在建立新图层组后，将"车轮"图层组调整至"侧面"图层组之下，如图 4-163 所示。在当前图层组下新建"内侧前轮"图层。分析车轮造型可知，车轮包括轮胎和轮毂两部分，可以分图层表现。首先绘制左前轮的轮胎外形路径，编辑和调整后的效果如图 4-164 所示。

(2) 设置前景色为黑色，进行路径填充，效果如图 4-165 所示。使用 椭圆选择工具做出椭圆选择域，然后按 Del 键删除轮毂区域，效果如图 4-166 所示。

图 4-163　新建并调整图层组

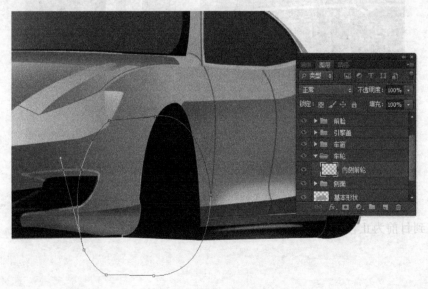

图 4-164　编辑并调整路径

第 4 章　Photoshop CS6 产品设计表现实例二——玛莎拉蒂汽车　147

图 4-165　路径填充　　　　　　　　　　　图 4-166　做椭圆选区

（3）完成轮毂效果表现。如图 4-167 所示，新建"内侧前轮轮毂"图层，然后选择渐变工具，编辑渐变色彩，如图 4-168 所示，在轮毂选区中做线性色彩渐变（注意，上一步的选区不要取消。如果取消，在历史记录中找回，或按 Ctrl+Z 组合键返回），效果如图 4-169 所示。

图 4-167　新建"内侧前轮轮毂"图层　　　　图 4-168　编辑渐变色彩

图 4-169　渐变效果

（4）使用"选择"→"修改"→"收缩"命令，向内收缩选区 10 个像素，然后使用"图像"→"调整"→"曲线"命令调整选区明暗。"曲线"对话框如图 4-170 所示,效果如图 4-171 所示。

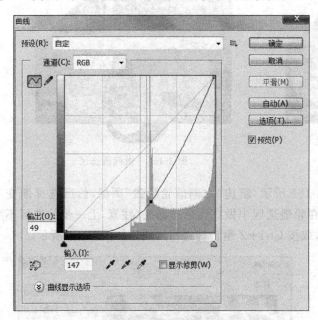

图 4-170　"曲线"对话框　　　　　　　图 4-171　曲线调整效果

（5）继续使用收缩命令,对选区向内收缩 45 个像素,并使用"图像"→"调整"→"色阶"命令调整其明暗关系。参数设置如图 4-172 所示,编辑效果如图 4-173 所示。

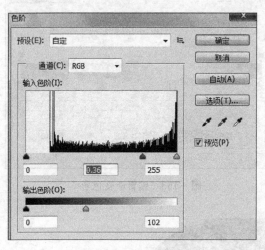

图 4-172　参数设置　　　　　　　　图 4-173　明暗调整效果

（6）如图 4-174 所示,在当前图层组新建"前轮轮辋"图层。按住 Ctrl 键单击"图层"面板的"内侧前轮轮毂"图层,将其中的像素作为选区载入,然后使用渐变工具（渐变色彩如图 4-168 所示）,对选区做线性渐变效果（确认当前图层为新建的"前轮轮辋"图层）,渐变填充后的效果如图 4-175 所示。

（7）在当前图层用钢笔工具绘制路径,并将其转换为选区,如图 4-176 所示。按 Del 键删除选区,效果如图 4-177 所示。重复操作,做出车轮轮辋效果,如图 4-178 所示。

第 4 章　Photoshop CS6 产品设计表现实例二——玛莎拉蒂汽车　149

图 4-174　新建"前轮轮辋"图层

图 4-175　渐变填充

图 4-176　绘制路径并将其转换为选区

图 4-177　删除选区

（8）表现轮辋的造型质感。不锈钢轮辋质感较强，且转折造型细腻，因此表现较为复杂，需要耐心调整，把握整体效果。使用椭圆选择工具，做出如图 4-179 所示的椭圆选区。使用"选择"→"修改"→"羽化"命令对选区做 20 个像素的羽化处理（使色彩调整时，选区与相邻区域的过渡转折较自然），使用"图像"→"调整"→"色阶"命令调整前轮轮轴部位的凹凸质感，参数设置如图 4-180 所示，效果如图 4-181 所示。

图 4-178　车轮轮辋效果

图 4-179　椭圆选区

（9）分别选择加深和减淡工具，设置合适的笔尖大小，对前轮轮轴部分进行色彩明暗处理（注意：加深和减淡工具的属性栏中都有 范围 中间调 选项，用于调整被编辑的区域。对轮轴高光部分进行减淡处理时，选择 范围 高光 选项，才会使之变暗），效果如图 4-182 所示。

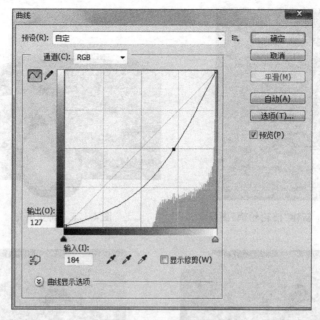

图 4-180　参数设置

图 4-181　凹凸质感效果

图 4-182　明暗处理效果

（10）在轮轴上做出如图 4-183 所示的选区。设置前景色为黑色，填充路径，如图 4-184 所示，表现出轮轴中心螺栓孔的效果。

图 4-183　做出选区

图 4-184　表现螺栓孔的效果

（11）在当前层使用椭圆选择工具做出如图 4-185 所示选区，然后使用"图像"→"调整"→"亮度/对比度"命令，参数设置如图 4-186 所示，调整轮轴部位色彩，效果如图 4-187 所示。

第 4 章 Photoshop CS6 产品设计表现实例二——玛莎拉蒂汽车 | 151

图 4-185 做出选区

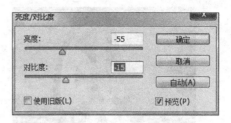

图 4-186 参数设置

（12）选择画笔工具，设置前景色为白色，笔尖大小为 43 像素，硬度为 0，做出轮轴盖的高光效果，如图 4-188 所示。

图 4-187 调整轮轴色彩

图 4-188 高光效果

（13）使用"选择"→"修改"→"边界"命令，设置边界值为 4 像素，生成选区轮廓效果，如图 4-189 所示。然后，使用"图像"→"调整"→"亮度/对比度"命令，调整轮廓内的色彩明暗，形成轮轴盖的缝隙效果，如图 4-190 所示。

图 4-189 生成的选区轮廓效果

图 4-190 轮轴盖缝隙效果

（14）使用钢笔工具绘制如图 4-191 所示的路径，然后单击"路径"面板底部的 按钮，将路径转换为选区，如图 4-192 所示。

（15）分别使用工具栏 加深和 减淡工具，设置合适的笔尖大小，对前轮轮辋部分的细部质感进行色彩明暗处理（注意：在调整过程中要不断转换使用加深和减淡工具，并根据实际需要调整笔尖大小），效果如图 4-193 所示。

（16）继续表现轮辋转折的细部效果。绘制如图 4-194 的路径，并将其转换为选区。使用

"选择"→"修改"→"羽化"命令,对选区做1像素的羽化,然后编辑渐变色彩,对选区做线性渐变,效果如图4-195所示。

图4-191　绘制路径

图4-192　将路径转换为选区

图4-193　色彩明暗处理

图4-194　绘制路径并将其转换为选区

(17) 绘制如图4-196所示的两条路径。选择加深工具,设置笔尖大小为5像素,然后单击"路径"面板底部○按钮进行路径描边(小贴士:可以选择任意色彩编辑工具进行路径描边,通过路径控制,得到精确的色彩处理效果),效果如图4-197所示。继续使用加深工具,对当前轮辋做明暗处理,效果如图4-198所示。

图4-195　线性渐变效果

图4-196　绘制路径

(18) 绘制如图4-199所示的路径,并将其转化为选区(做一个像素的羽化,使边缘柔和),对选区做线性渐变,效果如图4-200所示。

(19) 使用第(17)步的方法,通过加深、调整、细化轮辋效果,如图4-201所示。

(20) 重复上述方法,编辑轮辋光感,使用选区和路径来控制调整区域,通过加深、减淡的色彩变化表现出明暗关系和高光效果。完成后的前轮轮辋效果如图4-202所示。

图 4-197　路径描边

图 4-198　明暗处理

图 4-199　绘制路径并将其转化为选区

图 4-200　线性渐变

图 4-201　细化轮辋效果

图 4-202　前轮轮辋效果

4.8.2　绘制轮胎胎纹

(1) 如图 4-203 所示,激活"内侧前轮"图层,对轮胎进行编辑。

(2) 因为前面给轮胎填充时使用了纯黑色,无法进行减淡处理(减淡工具用于调整色彩的明暗,但对于纯黑色,做减淡处理无效果),所以单击"图层"面板的 锁定透明像素按钮,用灰色填充图层,效果如图 4-204 所示,编辑轮胎明暗。

(3) 绘制如图 4-205 所示路径,然后选择 加深工具,设定笔尖大小为 24 像素,硬度值为 0,曝光度为 80%,单击"路径"面板底部的 描边路径按钮进行加深处理,效果如图 4-206 所示。

图 4-203　激活图层

图 4-204　激活透明像素锁定

图 4-205　绘制路径

图 4-206　加深处理

（4）继续绘制如图 4-207 所示路径，然后选择 减淡工具，设定笔尖大小为 24 像素，硬度值为 0，曝光度为 80%。在属性栏中选择"范围"→"阴影"（对阴影部分做减淡处理），然后使用"路径"面板底部的 描边路径工具进行减淡处理，效果如图 4-208 所示。

图 4-207　绘制路径

图 4-208　减淡处理

（5）使用加深、减淡工具对明暗过渡部分做衔接处理，效果如图 4-209 所示。
（6）使用画笔的"渐隐"属性制作轮胎明暗变化效果。绘制如图 4-210 所示的路径，然后选择加深工具，设置笔尖大小为 37 像素，曝光度为 80%。关闭 流量压力控制按钮（否则，不能出现渐隐效果),打开画笔控制面板,设置画笔渐隐效果,如图 4-211 所示。使用加深工具进行路径描边后,效果如图 4-212 所示(通过路径和渐隐控制,可以描绘更加准确的形状和更自然的明暗衔接变化)。

图 4-209 对明暗过渡部分做衔接处理

图 4-210 绘制路径

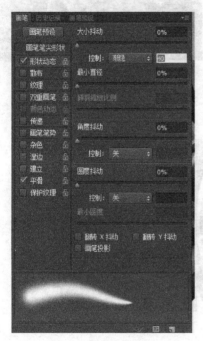

图 4-211 参数设置

图 4-212 路径描边效果

(7) 使用上一步的渐隐设置方法,继续绘制路径并减淡处理,完成胎面高光效果,如图 4-213 所示。

(8) 如图 4-214 所示,新建"轮胎花纹"图层。使用钢笔工具绘制轮胎的花纹,如图 4-215 所示。设定前景色为黑色,然后选择画笔工具,设定笔尖大小为 4 像素,进行路径描边。花纹的基本效果如图 4-216 所示。

(9) 选择"内侧轮胎"图层,调整轮胎底部的明暗关系,效果如图 4-217 所示。选择"轮胎花纹"图层,调整图层透明度,效果如图 4-218 所示。

图 4-213　胎面高光效果

图 4-214　新建"轮胎花纹"图层

图 4-215　绘制轮胎花纹

图 4-216　花纹的基本效果

图 4-217　调整明暗关系

图 4-218　调整透明度

4.8.3 绘制右侧轮胎

接下来绘制右侧轮胎。对于右侧轮胎,只能看到橡胶部分,基本上看不到金属轮毂,因此表现较为容易,主要运用上述轮胎明暗关系调整方法。

(1) 如图 4-219 所示,在当前图层组下新建"右侧前轮"图层,用于放置右侧前胎。在新建图层绘制如图 4-220 所示路径。设置前景色为深灰色(注意:不要使用黑色,如上所述,纯黑色无法进行减淡处理),填充路径,效果如图 4-221 所示。

图 4-219 新建"右侧前轮"图层

图 4-220 绘制路径

(2) 绘制如图 4-222 所示的路径,然后选择加深工具,设置笔尖大小为 100 像素,硬度为 0,范围为"阴影",曝光度为 100%,进行路径描边,分出轮胎的侧面和底面,效果如图 4-223 所示。

图 4-221 路径填充

图 4-222 绘制路径

图 4-223 路径描边

(3) 运用相同的方法表现轮胎底面的光感。绘制路径，然后选择减淡工具，设置笔尖大小为 150 像素，硬度为 0，范围为"阴影"，曝光度为 100%，进行路径描边，效果如图 4-224 所示。

图 4-224　轮胎底面光感效果

(4) 新建"右前轮排水槽花纹"图层，然后绘制如图 4-225 所示的轮胎花纹路径。设定前景色为黑色，然后选择画笔工具，设定画笔笔尖大小为 8 像素，硬度为 50%，进行路径描边，效果如图 4-226 所示。

图 4-225　绘制路径　　　　　　　　　　　图 4-226　路径描边

(5) 如图 4-227 所示，继续绘制花纹路径(小贴士：本步一次完成全部花纹的制作，但不是一条路径，而是多条路径。绘制一条路径后，单击 锚点选择工具，可以退出路径绘制；再次单击 钢笔工具，开始绘制新路径)。选择画笔工具，将笔尖大小设为 4 像素，进行路径描边，效果如图 4-228 所示。

(6) 观察图 4-228，发现轮胎不够硬朗，需继续完善。激活"右侧前轮"图层，绘制如图 4-229 所示路径。选择加深工具，打开画笔面板，参照上一小节第(6)步方法，确认"形状动态"处于没有被勾选的状态(因为设置过"大小抖动"的"消隐"效果)，设置笔尖大小为 50 像素，硬度为 50%，进行描边处理，效果如图 4-230 所示。

图 4-227 绘制花纹路径

图 4-228 路径描边

图 4-229 绘制路径

(7) 完成绘制右侧后轮。右侧后轮的表现比较容易,可以新建图层,也可以直接在"右侧前轮"图层上绘制(因为前、后轮之间不存在重叠关系,所以可以不分层)。采用右侧前轮的绘制方法,完成右侧后轮的表现,效果如图 4-231 所示。

图 4-230 描边处理

图 4-231 右侧后轮的效果

在表现轮胎效果时,尽量使用路径工具作为绘图和编辑的参照。例如,轮胎胎面明暗效果表现中使用路径作为加深和减淡的参照,使被编辑区域规矩、可控。这种方法适合于规则型工业产品的效果表现。

4.8.4 绘制左侧后轮

在绘制左侧前轮和右侧轮胎的过程中,学习了车轮轮毂和轮胎花纹质感表现的不同方法。左侧后轮与左侧前轮的表现技巧基本相同,首先绘制轮胎大形,然后表现轮毂的效果,最后刻画轮胎花纹。

(1) 因为左侧前轮和后轮没有位置上的重叠交叉,因此可以在"内侧前轮"图层绘制后轮轮胎。首先在"图层"面板选中"内侧前轮"图层作为当前层,运用前面学习的技巧,制作出左侧后轮轮胎的大形,如图4-232所示。

(2) 结合图4-232和图4-233可以看出,在图层顺序上,车轮层组位于车身侧面图层组之上,所以刚绘制的轮胎需要删除车身之下被遮挡的部位,以保证正确的效果。

图4-232 绘制左侧后轮轮胎大形　　图4-233 图层顺序

(3) 打开"图层"面板的"侧面"图层组,然后按住Ctrl键单击"侧面1"图层,将其像素作为选区载入(注意:不需要选中"侧面1",使之成为当前图层),如图4-234所示。打开"通道"面板,单击底部的 将选区存储为通道按钮,把选区保存为"侧面车轮"通道,如图4-235所示。

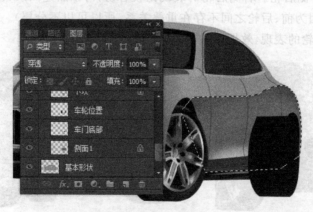

图4-234 载入选区

(4) 重新激活RGB通道,使图像正常显示。按住Ctrl键,单击"图层"面板的"车轮位置"图层,将其像素作为选区载入,如图4-236所示。

(5) 使用"选择"→"存储选区"命令,如图4-237所示,在弹出的对话框中选择"侧面车轮"

通道,勾选"从通道中减去"。编辑后的通道如图 4-238 所示。

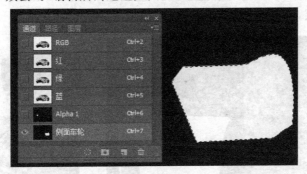

图 4-235　将选区保存为通道

图 4-236　载入选区

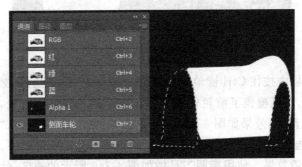

图 4-237　"存储选区"对话框

（6）重新激活 RGB 通道，使图像正常显示，如图 4-239 所示。按住 Ctrl 键，单击"图层"面板的"车轮位置"图层，将其像素作为选区载入，如图 4-240 所示。

图 4-239　正常显示图像　　　　　　　　　　　图 4-240　载入选区

（7）使用"选择"→"存储选区"命令，如图 4-241 所示。在弹出的对话框中选择"侧面车轮"通道，并勾选"添加到通道"。编辑后的通道如图 4-242 所示。

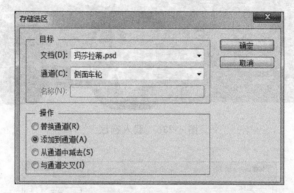

图 4-241　"存储选区"对话框

图 4-242　编辑后的通道

（8）在"通道"面板中按住 Ctrl 键单击"侧面车轮"通道，载入选区，效果如图 4-243 所示。从图 4-243 可以看出，选区覆盖了前轮轮胎部分。为了避免影响到前轮，按住 Alt 键，使用矩形选取工具减小选区范围，效果如图 4-244 所示。打开"图层"面板，确认"内侧前轮"图层为当前层，再按 Del 删除选区内容，得到如图 4-245 所示正确的轮胎轮廓效果。

（9）表现后轮轮毂效果。使用椭圆工具做如图 4-246 所示的选区，然后选择渐变工具，调整渐变色彩,效果如图 4-247 所示。

图 4-243　载入选区

图 4-244　减小选区范围

图 4-245　轮胎轮廓效果

图 4-246　绘制选区

(10) 使用"选择"→"修改"→"收缩"命令,将选区向内收缩 6 像素；然后使用"图像"→"调整"→"亮度/对比度"命令,调整出轮圈边缘效果,如图 4-248 所示。

图 4-247　调整渐变色彩

图 4-248　轮圈边缘效果

(11) 表现轮圈的高光效果。在当前图层上新建"高光"图层,然后绘制如图 4-249 所示的路径。设置前景色为白色,选择画笔工具,设置笔尖大小为 6 像素,不透明度为 60%,进行路径描边,效果如图 4-250 所示。使用减淡工具进行两端的淡化处理,效果如图 4-251 所示。

(12) 表现轮辋质感。如图 4-252 所示,在当前层之下建立"内侧后轮轮辋"图层,然后运用 4.8.1 节所述方法绘制轮辋效果,如图 4-253 所示。

(13) 表现内侧后轮胎纹效果,同样参照第 4.8.2 节所述胎纹表现方法。首先选择如图 4-254 所示的"内侧前轮"图层(注意：内侧前、后轮轮胎都画在这一图层上),然后通过色彩编辑和路径描边表现轮胎效果,如图 4-255 所示。

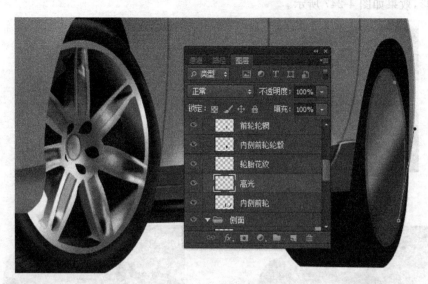

图 4-249　绘制路径

图 4-250　路径描边

图 4-251　淡化处理

图 4-252　建立"内侧后轮轮辋"图层

图 4-253　绘制轮辋效果

（14）最后调整轮胎侧面的明暗关系，效果如图 4-256 所示。

第 4 章　Photoshop CS6 产品设计表现实例二——玛莎拉蒂汽车

图 4-254　选择"内侧前轮"图层

图 4-255　胎纹效果

图 4-256　轮胎侧面效果图

4.9　绘制汽车车灯

汽车车灯的色彩较为丰富，但是表现相对容易，主要通过色块划分和色彩明暗调整实现其丰富的质感效果。

（1）如图 4-257 所示，首先新建"车灯"图层组，然后在其下新建"右侧车灯"图层。使用钢笔工具绘制并编辑出如图 4-258 所示的右侧车灯轮廓路径。

图 4-257　新建图层组和图层

图 4-258　绘制并编辑路径

(2)单击"路径"面板底部的▦将路径作为选区载入按钮,将路径转换为选区。然后选择渐变工具,编辑渐变色彩,对选区做线性渐变,制作出基本效果,如图4-259所示。

图 4-259　车灯基本效果

(3)新建"右灯轮廓"图层,绘制如图4-260所示路径。设置前景色为黑色,然后选择画笔工具,设置笔尖大小为4像素,不透明度为60%,进行路径描边,效果如图4-261所示。选择橡皮工具,设置笔尖大小为60像素,不透明度为60%,对轮廓进行深浅擦除处理,表现出自然的车灯边缘轮廓效果,如图4-262所示。

图 4-260　绘制路径

图 4-261　路径描边

图 4-262　车灯边缘轮廓效果

（4）接下来进行车灯细节表现。在"右灯轮廓"图层下新建"右灯细节"图层，然后设定前景色，并使用画笔工具，设定合适的笔尖大小，画出车灯的色彩分布，效果如图4-263所示。继续细化质感。新建"右灯高光"图层，绘制如图4-264所示的路径（小技巧：一次绘制完全部路径，然后使用路径描边同时描边，可以更加方便地控制效果的统一性）。设置前景色为白色，设定笔尖大小为8像素，硬度为0。打开画笔属性面板，如图4-265所示，设定画笔形状动态中的"大小抖动"参数为60%（使描边效果出现粗细变化），效果如图4-266所示。

图4-263　车灯色彩分布

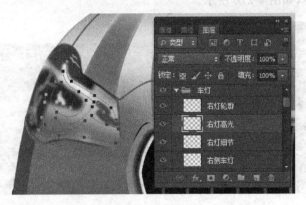

图4-264　绘制路径

图4-265　设置画笔属性

图4-266　描边效果图

(5) 继续细化车灯灯罩的高光效果。首先调整"车灯高光"图层透明度为60%,然后如第(3)步所示,使用橡皮擦工具擦出车灯灯罩高光的明暗变化,效果如图4-267所示。

(6) 完成车灯的大致质感后,需要不断细化其效果,主要使用加深、减淡工具,结合画笔工具涂抹色彩,还可以使用画笔中的★星光笔刷点出车灯的细部高光。对于质感表现,关键步骤一是首先做出大体效果,二是在此基础上不断细化。调整技巧并不复杂,关键在于细心和对整体效果的掌控。完成的右侧车灯效果如图4-268所示。

图 4-267　灯罩高光效果　　　　　图 4-268　右侧车灯效果

(7) 绘制左侧车灯。如图4-269所示,在当前图层组中新建"左侧车灯"图层,然后绘制并编辑车灯的形状路径,如图4-270所示。

图 4-269　新建"左侧车灯"图层　　　图 4-270　绘制并编辑路径

(8) 将绘制的左侧车灯路径转化为选区,然后选择渐变工具,编辑渐变色彩,线性渐变效果如图4-271所示。

图 4-271　线性渐变效果

(9) 使用"选择"→"修改"→"收缩"命令,将选区向内收缩 6 像素,然后使用"图像"→"调整"→"亮度/对比度"命令调整图像。参数及调整效果如图 4-272 所示。

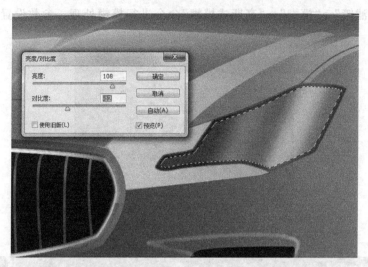

图 4-272　图像设置参数及效果

(10) 如图 4-273 所示,新建"左灯细节"图层,然后使用选择工具绘制远照灯和转向灯的基本形状,并分别用白色、黑色和橘黄色等颜色填充,效果如图 4-274 所示。

图 4-273　新建"左灯细节"图层　　　　图 4-274　绘制灯的基本形状并填充

(11) 如图 4-275 所示,新建"左灯高光"图层,然后使用画笔、钢笔、椭圆选择等工具绘制车灯细部,配合加深、减淡操作,进一步表现灯罩内部的明暗效果,如图 4-276 所示。

图 4-275　新建"左灯高光"图层　　　　图 4-276　明暗效果

(12) 选择"左灯细节"图层,进一步刻画车灯效果。如图 4-277 所示,使用加深和减淡工具在车灯上涂抹出明暗细节变化(注意:在涂抹过程中不断改变笔尖大小,使涂抹效果更加自然),然后使用"滤镜"→"模糊"→"高斯式模糊"命令进行模糊处理。参数设置及效果如图 4-278 所示。

图 4-277　涂抹明暗细节

图 4-278　模糊处理参数设置及效果

(13) 调整车灯的整体明暗关系,补充细节(以利用加深、减淡工具涂抹和画笔工具喷点高光的方法为主),效果如图 4-279 所示。

图 4-279　调整明暗关系效果图

4.10 绘制汽车内饰

汽车内饰表现为通过前风挡玻璃和内侧车窗看到的内部座椅部分。绘制时，应该把"内饰"图层组放在"车窗"图层组之下，以便通过调整"车窗"图层组的透明度来调整内饰的显示效果。

（1）如图 4-280 所示，新建"内饰"图层组，在其下新建"基本内饰"图层，绘制内饰的基本形状，如图 4-281 所示。

图 4-280　新建图层组与图层

图 4-281　绘制内饰基本形状

（2）设定前景色为深灰色，然后单击"路径"面板底部的 ■ 按钮填充路径（注意：因为当前"基本内饰"所在的"内饰"图层组位于"车窗"图层组之下，所以看不到填充效果）。在"图层"面板，将"车窗"图层组的不透明度设为 40%，内饰基本效果如图 4-282 所示。

图 4-282　内饰基本效果

（3）观察图 4-282 发现，车顶部位显示不正确，因为绘制的内饰部分所在图层位于"基本形状"图层之上，需要把刚绘制的部分与车窗重叠区域之外的内容删除。首先选择前风挡区域，按住 Ctrl 键单击"车窗"图层组之下的"前风挡"图层，载入前风挡选区，如图 4-283 所示；然后，在"图层"面板选中"侧窗"图层，再使用"选择"→"载入选区"命令，弹出对话框如图 4-284 所示。将新选择内容添加到选区，得到全部车窗轮廓，如图 4-285 所示。使用"选择"→"反向"命令，或按 Ctrl+Shift+I 组合键反选，然后选中"内饰"图层组下的"基本内饰"图层，按 Del 键删除，得到正确的内饰显示效果，如图 4-286 所示。为了再次使用编辑的选区，打开"通道"面板，单击面板底部的 ■ 将选区存储为通道按钮，把选区存储为"Alpha 2"通道，如图 4-287 所示。

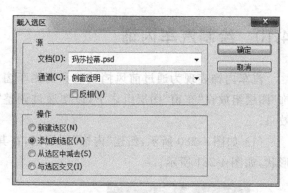

图 4-283 载入选区　　　　　　　图 4-284 "载入选区"对话框

图 4-285 车窗轮廓　　　　　　　图 4-286 内饰显示效果

（4）观察图 4-288 可以看到，左侧车门位置缺少立柱。在"基本内饰"图层使用钢笔工具绘制形状，填充并使用加深、减淡工具调整明暗关系，效果如图 4-289 所示。

图 4-287 "通道"面板　　　　　　图 4-288 左侧车门位置缺少立柱

图 4-289 绘制立柱形状并调整明暗关系

(5) 表现汽车头枕。如图 4-290 所示,新建"头枕"图层,绘制如图 4-291 所示的汽车头枕形状路径。

图 4-290　新建"头枕"图层　　　　　　图 4-291　绘制路径

(6) 选择前景色,填充新绘制的头枕路径,效果如图 4-292 所示。

(7) 表现头枕的立体感。新绘制或在上一步绘制的路径的基础上编辑如图 4-293 所示的路径,并将其转化为选区,然后使用"图像"→"调整"→"亮度/对比度"命令,调整选区内的色彩亮度,如图 4-294 所示。

图 4-292　填充路径　　　　　　图 4-293　绘制并编辑路径

(8) 绘制如图 4-295 所示路径,然后选择 加深工具,设定笔尖大小为 5 像素,进行路径描边,强化头枕立体转折部分的明暗效果,如图 4-296 所示。

图 4-294　调整色彩亮度　　　　　　图 4-295　绘制路径

(9) 继续选择加深、减淡工具,不断调整合适的笔尖大小和曝光度。交替使用这两种工具,对头枕进行细致的明暗刻画。完成后的头枕效果如图 4-297 所示。

图 4-296　路径描边　　　　　　　图 4-297　头枕效果图

（10）观察图 4-298 可以看到，在立柱部位有与头枕交叉重叠显示的部位需要删除。打开"通道"面板，按住 Ctrl 键单击"Alpha 2"通道，载入第（3）步中保存的选区，然后按 Del 键删除选区部分的像素，得到正确的效果，如图 4-299 所示。

图 4-298　显示重叠部分

图 4-299　删除重叠部分

（11）添加车内观后镜。如图 4-300 所示，在"内饰"图层组下新建"观后镜"图层，然后使用钢笔工具绘制并编辑观后镜的形状，如图 4-301 所示。

（12）选择深灰黑色填充路径，然后使用加深、减淡两种工具分别对其做明暗关系处理，其立体效果如图 4-302 所示。

（13）最后做出内饰中方向盘的效果。方向盘的质感较为简单，表现比较容易。新建"方向盘"图层，然后绘制路径，再选择深灰色作为前景色，填充路径，效果如图 4-303 所示。

第 4 章　Photoshop CS6 产品设计表现实例二——玛莎拉蒂汽车

图 4-300　新建"观后镜"图层

图 4-301　绘制并编辑形状

图 4-302　立体效果

图 4-303　路径填充

4.11　绘制汽车倒后镜

作为汽车的主体部分,最后来绘制倒后镜。

(1) 如图 4-304 所示,新建"倒后镜"图层组,并在其下新建"左侧倒后镜"图层。使用钢笔工具绘制左侧倒后镜的形状,然后设置前景色填充路径,效果如图 4-305 所示。

图 4-304　新建"左侧倒后镜"图层

图 4-305　路径填充

(2) 调整倒后镜轮廓。使用 删除锚点工具删除多余锚点,并用 直接选择工具对锚点进行微调,然后选择前景色填充路径,效果如图 4-306 所示。

（3）调整左侧反光镜的质感。继续采用上一步的方法，调整如图4-307所示的路径。将路径转化为选择域，然后使用加深、减淡工具调整倒后镜的明暗交界（小贴士：通过选区控制色彩编辑的影响区域，是Photoshop编辑的基本技巧），效果如图4-308所示。

图4-306　路径填充

图4-307　调整路径

（4）继续调整左侧倒后镜的整体效果，效果如图4-309所示。

图4-308　调整明暗交界的效果

图4-309　左侧倒后镜的整体效果

（5）做出左侧倒后镜的投影。首先制作路径，将其转换为选区后，对选区做色彩渐变填充，效果如图4-310所示。

（6）在当前图层组下新建如图4-311所示的"右侧倒后镜"图层，在其上绘制如图4-312所示的右侧倒后镜轮廓形状路径。运用第（1）步和第（2）步的方法，做出右侧倒后镜的基本效果，如图4-313所示。

图4-310　色彩渐变填充效果

图4-311　新建"右侧倒后镜"图层

第 4 章 Photoshop CS6 产品设计表现实例二——玛莎拉蒂汽车

图 4-312 绘制路径　　　　　　　图 4-313 右侧倒后镜基本效果

(7) 运用第(3)步的方法,调整右侧倒后镜的立体质感,效果如图 4-314 所示。

图 4-314 调整质感

4.12 整体细节调整

如图 4-315 所示,到目前为止,完成了玛莎拉蒂汽车的整体效果表现。为了使效果更加细腻、逼真,参照作为临摹对象的图 4-1 所示玛莎拉蒂汽车照片进行最后的细节表现和修饰处理。

图 4-315 目前的整体效果表现

4.12.1 车身部分的细节修饰

首先进行车身细节的修饰处理。

(1) 调整车前脸部位的细节效果。首先选中前脸部位的图层(小技巧:图像文件现有 9 个图层组,数十个图层,因此使用"图层"面板选择图层较麻烦。可以选择工具栏中的 移动工具,勾选 自动选择: 图层 项,在要选择的图像位置上单击,选中此位置最上层像素所在的图层),使用加深、减淡工具调整其明暗关系(小贴士:在绘制玛莎拉蒂汽车的过程中反复用到 加深和 减淡两个工具来调整图像的明暗关系。一般来说,明暗调整是同时执行的两个相关操作,通过加深一个区域和调暗相邻区域可以使明暗变化更加真实,且易于控制)。调整前和完成后的效果分别如图 4-316 和图 4-317 所示。

图 4-316　明暗关系调整前的效果

图 4-317　明暗关系调整后的效果

(2) 刻画轮眉效果。在当前图层之上新建如图 4-318 所示的"轮眉 1"图层,绘制轮眉路径,如图 4-319 所示。然后,将路径转化为选区,并选择渐变工具,编辑渐变色彩,做出轮眉效果。使用减淡工具对与轮眉相邻的"前脸 1"部位做明暗处理,并作出左侧翼子板的分缝线,效果如图 4-320 所示。

(3) 进行车身后段的细节处理。首先使用加深、减淡工具,做车身内侧面的明暗质感处理(注意:在明暗编辑前,需要使用第(1)步介绍的方法选中车身像素所在的图层)。调整前、后的效果分别如图 4-321 和图 4-322 所示。

(4) 如图 4-323 所示,新建"轮眉 2"图层,再运用第(2)步的方法做出后侧轮眉效果,如图 4-324 所示。

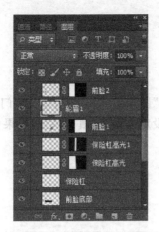
图 4-318 新建"轮眉1"图层

图 4-319 绘制路径

图 4-320 绘制分缝线

图 4-321 明暗质感处理前的效果

图 4-322 明暗质感处理后的效果

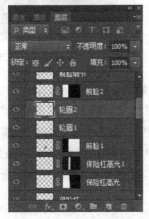
图 4-323 新建"轮眉2"图层

图 4-324 后侧轮眉效果

4.12.2 门把手细节

本节刻画内侧门把手效果。

（1）如图 4-325 所示，在"图层"面板新建"装饰细节"图层组，并在其下新建"门把手 1"图层。在车门把手位置绘制如图 4-326 所示的路径，然后设定前景色，填充路径，效果如图 4-327 所示。

图 4-325　新建图层组及图层　　　　　图 4-326　绘制路径

（2）如图 4-328，新建"门把手 2"图层，然后绘制把手形状路径，如图 4-329 所示。选择前景色，填充路径，效果如图 4-330 所示。

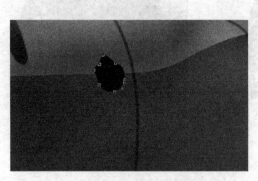

图 4-327　填充路径　　　　　图 4-328　新建"门把手 2"图层

（3）使用加深、减淡工具，表现门把手的质感，效果如图 4-331 所示。

（4）车后门把手与前门把手基本相同，直接通过图层复制得到。门把手由"门把手 1"和"门把手 2"两个图层构成，需要同时选取、复制。在选中"门把手 2"的前提下，按住 Shift 键单击"图层"面板的"门把手 1"图层，将两个图层同时选中。"图层"面板显示效果如图 4-332 所示。按住鼠标左键拖拽到面板底部的　图层复制图标，完成复制，如图 4-333 所示，然后用移动工具调整复制图层的位置，结果如图 4-334 所示。

第 4 章　Photoshop CS6 产品设计表现实例二——玛莎拉蒂汽车

图 4-329　绘制路径

图 4-330　填充路径

图 4-331　门把手质感表现

图 4-332　"图层"面板

图 4-333　复制图层

图 4-334　调整图层位置

4.12.3　内侧翼子板装饰细节

（1）如图 4-335 所示，在当前图层组下新建"翼子板装饰物"图层，然后绘制装饰物的基本路径，如图 4-336 所示。

（2）运用反复使用的路径填充及加深、减淡方法完成装饰物的表现，效果如图 4-337 所示。复制"翼子板装饰物"图层并调整位置，效果如图 4-338 所示。

图 4-335 新建"翼子板装饰物"图层

图 4-336 绘制路径

图 4-337 装饰物表现

图 4-338 复制图层并调整位置

(3) 最后调整翼子板装饰物与车身的色彩明暗关系, 效果如图 4-339 所示。

图 4-339 调整明暗关系

4.12.4 内侧车窗细节

接下来完善内侧车窗的细节, 添加内侧门柱的车窗部位细节及车窗玻璃周边的细节表现。

(1) 如图 4-340 所示, 在"图层"面板"车窗"图层组之上新建"车窗细节"图层(因为"车窗"图层组调整透明度小于 100%, 有透明效果, 因此不建在"车窗"图层组下)。在选中的图层绘制如图 4-341 所示的路径。

图 4-340　新建"车窗细节"图层

图 4-341　绘制路径

（2）设定深褐色前景色，填充路径，如图 4-342 所示。使用加深、减淡工具进行明暗调整，效果如图 4-343 所示。

图 4-342　填充路径

图 4-343　明暗调整

（3）采用同样的方法，在当前层绘制并表现内侧车窗后部的细节效果，分别如图 4-344 和图 4-345 所示。

图 4-344　绘制并表现内侧车窗后部的细节

图 4-345　内侧车窗后部的效果

4.12.5　内侧前轮刹车盘细节

（1）使用第 4.12.1 节第（1）步的方法选中如图 4-346 所示的"内侧前轮轮毂"图层，在其上新建"刹车盘"图层，如图 4-347 所示。然后在当前层使用椭圆选择工具绘制如图 4-348 所示的选区，并填充白色，效果如图 4-349 所示。

图 4-346　选中"内侧前轮轮毂"图层

图 4-347　新建"刹车盘"图层

图 4-348　绘制选区

图 4-349　填充色彩

（2）调整刹车盘的不锈钢明暗关系，效果如图 4-350 所示。

图 4-350　调整明暗关系

4.12.6　车顶质感调整

首先选中车顶所在的"基本形状"图层，然后使用加深、减淡工具，设定合适的笔尖大小和曝光度值，多次涂抹，表现车顶质感效果。调整前、后的效果分别如图 4-351 和图 4-352 所示。
当前绘制的汽车的整体效果如图 4-353 所示。

4.12.7　前脸细节

前脸部分的细节包括进气格栅下部的中网、车标等细节。特别是中网部分，如果直接绘

第 4 章　Photoshop CS6 产品设计表现实例二——玛莎拉蒂汽车

图 4-351　调整前的效果

图 4-352　调整后的效果

图 4-353　当前绘制的汽车效果

制，较为烦琐。这里介绍 Photoshop 中定义图案的方法，将减少表现的难度。其他部分采用前面介绍的技巧，相对容易。

（1）如图 4-354 所示，新建"中网"图层组，并在其中建立"中网 1"图层。

（2）按住 Alt 键单击当前层的 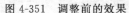 眼球图标，只是显示当前层。在当前层上使用钢笔工具，绘制如图 4-355 所示的形状。选择画笔工具，设定前景色、笔尖大小，进行路径描边，效果如图 4-356 所示。

图 4-354　新建图层组及图层

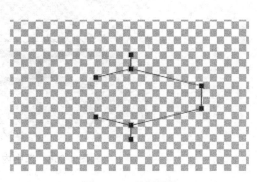

图 4-355　绘制形状

（3）复制"中网 1"图层，然后使用"编辑"→"水平翻转"命令，将新复制的"中网 1 副本"图层进行水平翻转，并调整位置。使用"图层"→"向下合并"命令，或按 Ctrl＋E 组合键将两个图层合并为"中网 1"图层，效果如图 4-357 所示。

（4）使用矩形工具，选中刚完成的内容，效果如图 4-358 所示。使用"编辑"→"定义图案"命令，将选中的内容定义为可重复使用的"中网"图案（注意：只有羽化值为 0 的矩形选择区域才可以定义图案），如图 4-359 所示。

图 4-356 路径描边

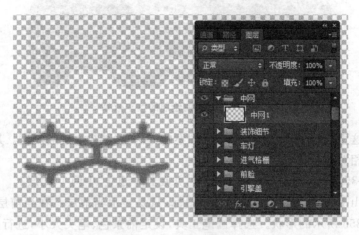

图 4-357 合并图层

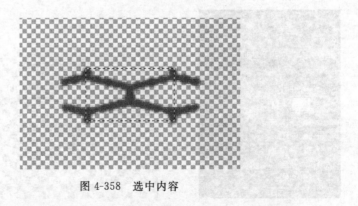

图 4-358 选中内容

图 4-359 定义可重复使用的图案

(5) 将当前层的所有像素选择后删除(前面操作的目的就是为了得到图案),绘制路径,并将其转化为选区,如图 4-360 所示。

(6)使用"编辑"→"填充"命令,然后在对话框中设置图案填充。选择新定义的"中网"图案,参数设置如图 4-361 所示,填充效果如图 4-362 所示。对当前层添加图层蒙版,用蒙版控制明暗效果,如图 4-363 所示。

图 4-360　绘制路径并将其转化为选区

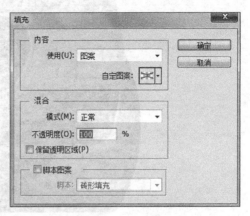

图 4-361　参数设置

图 4-362　填充效果

图 4-363　添加蒙版并控制明暗效果

(7)采用第(5)步和第(6)步的方法,完成左、右两侧中网的制作,效果如图 4-364 和图 4-365 所示。

(8)处理右侧的明暗效果。分别绘制路径,通过路径描边和加深、减淡的涂抹处理,表现出转折过渡的质感。处理前、后的效果如图 4-366 和图 4-367 所示。

图 4-364　左侧中网效果

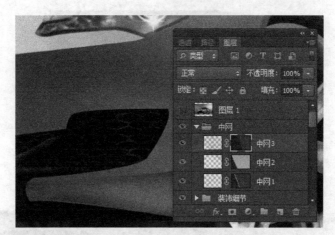

图 4-365　右侧中网效果

图 4-366　处理前的明暗效果　　　　图 4-367　处理后的明暗效果

（9）继续观察，内侧车灯部位还缺乏转折过渡。运用学习过的路径绘制、色彩渐变以及明暗编辑方法，对内侧车灯部位做明暗转折处理，方法较为简单，关键是要通过前面介绍的图层选择方法，挑选合理的图层进行细节编辑。处理前、后的效果如图 4-368 和图 4-369 所示。

图 4-368 处理前的效果

图 4-369 处理后的效果

4.12.8 添加玛莎拉蒂车标

到目前为止，基本完成了玛莎拉蒂汽车的整体表现和细节调整工作。最后，要为汽车加上车标。

使用路径绘制车标。这里直接使用现成的玛莎拉蒂车标，如图 4-370 和图 4-371 所示。

图 4-370 车标 1

图 4-371 车标 2

（1）使用"文件"→"置入"命令，在弹出的对话框中选择玛莎拉蒂标志文件，如图 4-372 所示。置入标志文件后，按 Ctrl＋T 组合键进行缩放调整（小贴士：按住 Shift 键，可以保证等比缩放效果），效果如图 4-373 所示。

图 4-372 选择车标文件

190　产品设计表现技法——Photoshop 和 CorelDRAW

图 4-373　缩放调整

（2）抠出标志图形。选择工具栏中的 ![] 魔术棒工具，设置容差值为 15，不勾选"连续"选项，并确认"对所有图层取样"选项处于取消状态，然后单击标志周围的白色区域，选取标志周围的白色背景，效果如图 4-374 所示。按 Del 键删除选区内像素（小贴士：置入的是智能对象，图层中的图标显示为 ![] 状态，需要使用"图层"→"栅格化"→"智能对象"命令才能进行像素编辑操作），然后按 Ctrl＋D 组合键取消选区，如图 4-375 所示。

（3）把标志改为白色。使用"图像"→"调整"→"反相"命令，进行"标志"图层像素色彩的反相处理，效果如图 4-376 所示。使用"图层"→"图层样式"→"斜面和浮雕"命令，对标志做立体化处理，参数如图 4-377 所示。最后，将当前层不透明度改为 80％，效果如图-378 所示。

图 4-374　抠出图形　　　　　图 4-375　取消选区　　　　　图 4-376　反相处理

（4）添加引擎盖上的标志。采用第（1）步的方法置入玛莎拉蒂圆形标志，然后调整标志的大小和位置，再使用"图层"→"栅格化"→"智能对象"命令，将圆形标志变为可编辑的普通像素，将标志的白色背景选中并删除。使用"编辑"→"变换"→"扭曲"命令做扭曲变形，使其符合正常的透视效果，如图 4-379 所示。

（5）使用"图层"→"图层样式"→"投影"命令制作投影，使用减淡工具点出高光，效果如图 4-380 所示，完成车标的制作。

（6）给座椅头枕添加突出的标志效果。按住 Ctrl 键，单击"图层"面板的"玛莎拉蒂标志1"图层并载入标志选区。使用选择工具（注意：不要使用 ![] 移动工具。使用选择工具时，将

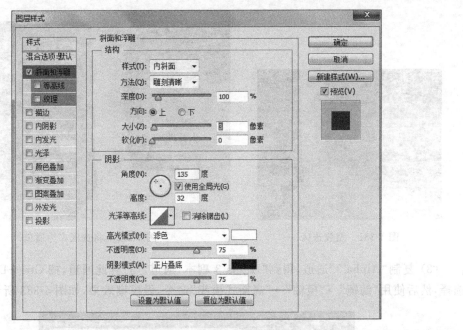

图 4-377 参数设置

图 4-378 立体化处理效果

图 4-379 扭曲变形效果

图 4-380 完成的车标效果

鼠标放在选区内,拖动鼠标,只移动选区,不移动其中的像素),将选区移动到头枕的位置,然后使用"选择"→"变换选区"命令缩放选区,效果如图 4-381 所示。

(7) 打开"通道"面板,单击底部将选区存储为通道按钮,将标志选区存为"Alpha 3"通道,如图 4-382 所示。

图 4-381　缩放选区

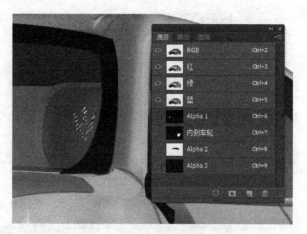
图 4-382　将选区存为通道

（8）复制"Alpha 3"通道，得到"Alpha 3 副本"通道。打开此通道，按 Ctrl+D 组合键取消选择，然后使用"滤镜"→"模糊"→"高斯式模糊"命令，做模糊效果，如图 4-383 所示。

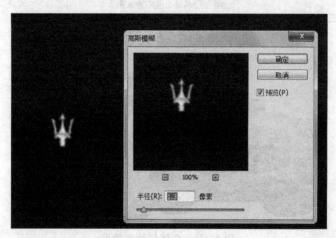
图 4-383　模糊处理

（9）使用"滤镜"→"风格化"→"浮雕效果"命令，使标志产生浮雕效果，参数设置如图 4-384 所示（注意：这一步和上一步都是在对"Alpha 3 副本"通道做变化）。

（10）在通道中完成标志的浮雕效果后，重新激活 RGB 通道，回到正常的图像显示状态。利用前面学过的方法，选中"头枕"图层，"图层"面板如图 4-385 所示。使用"图像"→"应用图像"命令进行图像与通道的计算，参数如图 4-386 所示，其含义是使"头枕"图层与"Alpha 3 副本"通道的灰色色彩做正片叠底的叠加。叠加时，使用"Alpha 3"通道作为蒙版。通过运用滤镜和图像计算效果，完成头枕标志压印效果如图 4-387 所示。

（11）采用同样的方法，完成右侧头枕的标志压印效果，效果如图 4-388 所示。

（12）至此，完成整部车的绘制表现。最后，使用喷笔工具，制作汽车的背景效果，并且添加倒影，最终效果如图 4-389 所示。

第 4 章 Photoshop CS6 产品设计表现实例二——玛莎拉蒂汽车

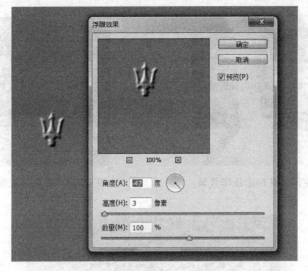

图 4-384 "浮雕效果"参数设置

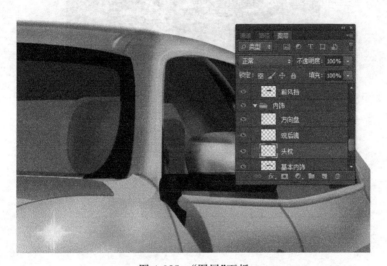

图 4-385 "图层"面板

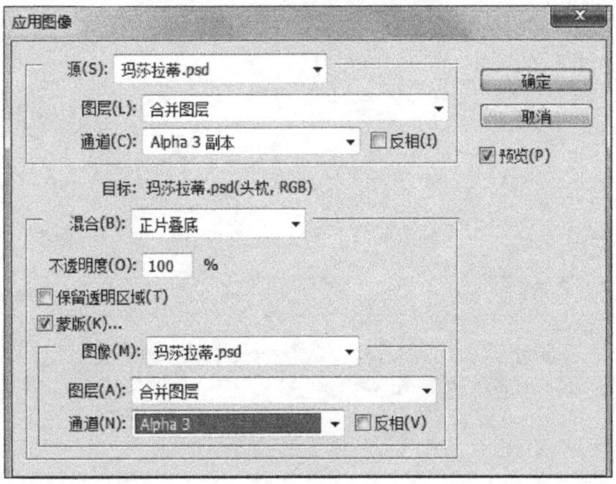

图 4-386 "应用图像"参数设置

图 4-387　左侧头枕标志压印效果

图 4-388　右侧头枕标志压印效果

图 4-389　制作完成的玛莎拉蒂汽车整车效果图

Chapter 5 第5章 CorelDRAW 产品设计表现基础

5.1 CorelDRAW 界面布局

不同软件的界面和布局风格有较大差异。CorelDRAW 和 Photoshop CS6 的界面也不相同,但是作为经典的矢量绘图软件,CorelDRAW X6 的界面人机性能优良。在界面布局风格方面,新版的 Photoshop CS6 借鉴了许多 CorelDRAW 的布局形式,使两者现有版本在操作上有很多共通之处。图 5-1 所示是 CorelDRAW X6 的界面,默认情况下,其工作界面由菜单栏、标准、属性栏、工具箱、绘图页面、泊坞窗、调色板和状态栏等几部分组成。

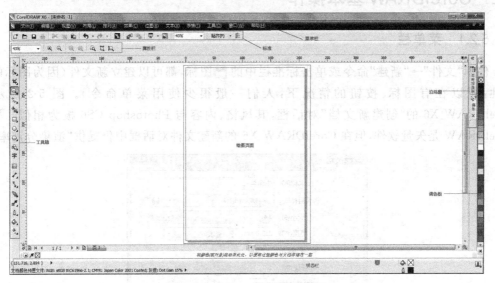

图 5-1 CorelDRAW X6 界面布局

- 菜单栏:共有 12 个菜单,包括 CorelDRAW 的所有编辑命令。
- 标准:不同于 Photoshop CS6,CorelDRAW X6 中默认在菜单栏下显示标准工具栏,包含常用的文本编辑操作,如 打开、新建、保存、打印、剪切、粘贴、撤销、重做、导入(把选择的文件导入当前文件)、导出(把选择的内容单独存为指定的格式)、缩放级别、贴齐等。将鼠标放在某个图标处不动,稍后会显示图标名称,以方便识别图标功能。标准工具栏使常规的文件操作变得更加方便。

- 属性栏：与 Photoshop CS6 的工具属性栏相同，显示不同工具的属性选项，是操作中的重要内容之一。
- 工具箱：提供了 CorelDRAW 的所有操作工具，按类别排列，使用方法与 Photoshop CS6 基本相同。（小贴士：在工具栏中，凡在工具图标中标有黑色小三角标记的都有隐藏工具选项。如果想使用隐藏工具，单击此工具并按住不放，待出现隐藏工具后松开鼠标，然后在所需工具上单击，即可选取。）
- 绘图页面：在工作区中显示 CorelDRAW 文件的绘图页面。与 Photoshop 只能在文件区域操作不同，在 CorelDRAW 中允许在页面区域之外进行设计，但是页面之外的内容不被打印。工作区中的矩形区域表示文件的可打印区域（即设定的文件尺寸范围）。
- 泊坞窗：相当于 Photoshop 中的控制面板。使用"窗口"→"泊坞窗"命令可以打开或关闭泊坞窗的显示。作为经典的矢量软件，与 Photoshop 不同，CorelDRAW 没有 Photoshop 中最重要的图层、路径和通道 3 个面板，但是路径功能是其最重要的图形功能。同样地，尽管没有图层面板，但其"对象管理器"泊坞窗提供了方便的图层操作。很多人认为，CorelDRAW 没有和不需要图层，但是运用对象管理器的层功能会给绘图等操作带来极大的便利。
- 调色板：用于编辑绘图中使用的色彩。

5.2 CorelDRAW 基本操作

5.2.1 菜单栏

使用"文件"→"新建"命令或单击标准栏中的 图标，都可以建立新文件（因为图标的方便性，所以在有图标、按钮的情况下，人们一般很少使用菜单命令）。图 5-2 所示为 CorelDRAW X6 的"创建新文档"对话框，其风格、内容与 Photoshop CS6 极为相似。尽管 CorelDRAW 是矢量软件，但在 CorelDRAW X6 的新建文件对话框中仍提供"渲染分辨率"选

图 5-2 "创建新文档"对话框

项。与 Photoshop 不同的是，在 CorelDRAW 中可以建立多页文件，因此对话框中有"页码数"项，用于设定新文件的页数。

建立新文件后，工具箱中默认 选择工具，如图 5-3 所示。属性栏中是关于文件设置的选项，用于设置页面尺寸、纵向（使用竖版页面）、横向（使用横版页面）、所有页面（所有页面尺寸和版式方向完全一致）、当前页（设定当前页面的尺寸和方向，不影响其他页面）、微调（设置使用光标键时，每按一次，当前选择对象的移动距离），最后一项是再制距离（在 CorelDRAW 中，再制与复制类似，将对象放到剪贴板上，然后将复制的对象放入绘图区，不需要粘贴。再制对象与复制对象之间有较小的位移）。

图 5-3　文件设置属性栏

如图 5-4 所示，在界面底部是当前文件的页面布局选项。用鼠标右键单击页面名称，将弹出快捷菜单，其内容与"布局"菜单中的相关页面设置命令一致，用于设置文件页面。各选项的作用如下所述。

- 左侧 ：在当前页面之前新建页面（对应"在前面插入页面"命令）。
- ：到第一页。
- ：到当前页的前一页。
- ：到当前页的后一页。
- ：到最后一页。
- 右侧 ：在当前页面之后新建页面（对应"在后面插入页面"命令）。
- 重命名页面：修改页面名称，便于多页文件的内容查找。
- 再制页面：复制页面，弹出如图 5-5 所示的对话框，用于页面复制的设定操作。
- 删除页面：删除当前页及其中的内容。
- 切换页面方向：将当前页旋转 90°。

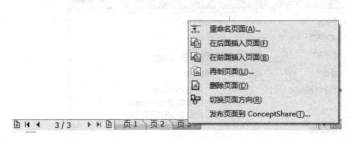

图 5-4　页面布局选项

图 5-5　"再制页面"对话框

5.2.2　对象管理器

CorelDRAW 的对象管理器相当于 Photoshop CS6 的"图层"面板和"路径"面板的综合。CorelDRAW 作为矢量软件，与 Photoshop 等点阵软件的最大区别是每个图形都是独立的，称为对象。每个对象可以在生成后任意移动和编辑、修改，而不影响其他对象。使用对象管理器，可以方便地进行各种对象管理操作。默认情况下，界面中的对象管理器收起显示在 CorelDRAW 窗口右侧，也可以使用"窗口"→"泊坞窗"→"对象管理器"命令开关对象管理器。

"对象管理器"泊坞窗如图 5-6 所示。单击右侧 图标,打开对象管理器菜单,设置图层和页面,其功能与泊坞窗中的图标相同。

图 5-6 "对象管理器"泊坞窗及其菜单

从图 5-6 所示对象管理器可以看出,新建一个图形文件,系统自动产生一个主页面。默认情况下,主页面包括文档网格、桌面和辅助线 3 个默认图层。除此之外,可以新建图层,主页面上的内容在当前文档的所有页上都会显示。

文档网格提供了网格辅助线。使用"工具"→"选项"命令或单击标准工具栏中的 选项按钮,可以打开如图 5-7 所示的"选项"对话框(与在 Photoshop 中执行"编辑"→"自定义"命令类似,用于设定软件的基本工作环境)。其中,在"文档"项选择"网格",可以设定网格的效果。在对象管理器中,图层名称前有 眼睛图标,单击即关闭当前层的显示。默认"文档网格"层前的图标为 ,即文档网格处于关闭状态。

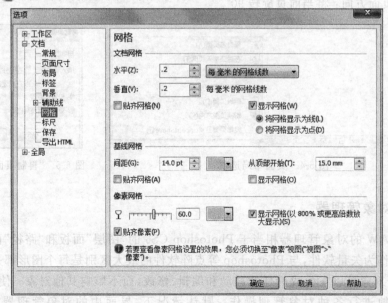

图 5-7 CorelDRAW X6 的"选项"设置

桌面是指在 CorelDRAW 中每个页面上都可以显示的内容。

主页面和普通页面的辅助线图层设置相同，前者在所有页面中均可显示，后者只在当前页面中显示。与 Photoshop 软件不同的是，在 CorelDRAW 中使用辅助线图层来管理辅助线更加方便。

CorelDRAW 中每个生成的对象在图层中都是一个独立的内容，可以在对象管理器中对每个对象进行相关的操作。对象管理器中的图层和对象操作包括以下内容。

- 显示对象属性：默认处于关闭状态。显示每个对象的名称（选中对象名称后，右键单击，弹出快捷菜单，用于修改对象的名称，在绘制复杂图形时养成命名的习惯，会给后期的图形选择、编辑带来方便）、填充内容、轮廓颜色等属性。
- 跨图层编辑：默认处于开启状态。可以同时在多个图层上编辑，此时泊坞窗中所有图层上的对象都处于可选择状态。如果关闭该功能，则只能编辑当前被选中图层上的对象。
- 图层管理器视图：有"所有页、图层和对象"和"仅当前页和图层"两个选项。选中第一项将显示出所有对象；选中第二项，将不显示对象，只显示页和图层信息。
- 新建图层：在当前页面上建立新图层。
- 新建主图层：主图层是主页面上的图层。在主图层上生成的对象称为主对象，是每个页面上都有的内容。主页面和主对象可以通俗地理解为对所有页面起作用，而普通的图层和页面只针对一个页面起作用。
- 新建主图层（奇数页）：当前位于奇数页时，按钮处于可用状态。新建的主图层内容对所有奇数页起作用。
- 新建主图层（偶数页）：当前位于偶数页时，按钮处于可用状态。新建的主图层内容对所有偶数页起作用。

5.2.3 轮廓和填充

作为矢量软件，CorelDRAW 的矢量图形由轮廓和填充两部分组成。在 CorelDRAW 中，填充操作与 Photoshop 类似，可以使用的内容包括标准色、渐变色、图案、纹理材质等。在界面底部的状态栏右侧，⬧✕无 表示当前设定的填充方式，"无"表示无填充；⬧ C:0 M:0 Y:0 K:100 .200 mm 表示当前轮廓的效果设定，CMYK 表示其颜色，.200mm 表示其轮廓宽度为 0.2mm。

1. 轮廓

1）轮廓线粗细及样式

单击工具箱中的 ⬧轮廓笔工具，弹出如图 5-8 所示的菜单，可以选择无轮廓（不在图形上生成轮廓效果）、细线轮廓和 0.1～2.5mm 不同粗细的轮廓值；也可以单击"轮廓笔"选项，打开如图 5-9 所示的"轮廓笔"对话框，设置轮廓笔参数。

在"轮廓笔"对话框中，可以设置轮廓笔的颜色、宽度、箭头、斜角限制等参数，允许用户编辑轮廓线的样式。通过"编辑样式"，可以设定轮廓的线型，产生虚线、点化线等线型效果；"书法"选项用于设置笔尖的形状，产生类似书法笔的宽尖斜向笔画效果。勾选"随对象缩放"选项，在对象缩放时，轮廓的宽度随之缩放。

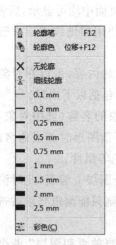 

图 5-8　轮廓笔工具菜单　　　　　　图 5-9　"轮廓笔"对话框

2）轮廓色

单击轮廓笔工具中的 轮廓色选项,打开如图 5-10 所示的"轮廓颜色"编辑器。

图 5-10　"轮廓颜色"编辑器

CorelDRAW 中的轮廓色编辑器和填充色编辑器完全相同,用于选取绘图时轮廓使用的颜色。如图 5-10 所示,CorelDRAW 中的颜色编辑包括"模型""混合器"和"调色板"3 种方式。

"模型"调色方式提供了 CMY、CMYK、RGB、HSB（H 指色相、S 指饱和度、B 指亮度）、HLS、Lab、YIQ、灰度、注册色共 9 种色彩模型。

混合器调色方式通过主色、补充色、三角形 1(30°直角三角形)、三角形 2(等边三角形)、矩形、五角形 6 种色度方式,提供了更加符合色彩规律的色彩选择方法,使人更加容易掌握和控制配色效果;同时,"五""调冷色调""调暖色调""调暗""调亮""降低饱和度"6 种色彩渐变方式丰富和方便了相关色彩的选择。

"调色板"调色方式提供了色谱色彩选择。

2. 填充

1) 填充工具

单击工具箱中的 填充工具,弹出如图 5-11 所示的菜单,可以选择均匀填充、渐变填充、图样填充、底纹填充、PostScript 填充、无填充等方式,对对象进行填充操作。

- 均匀填充:使用单色填充。
- 渐变填充:使用渐变色彩填充。在图 5-12 所示的渐变填充编辑器中设置渐变类型及色彩设定。渐变类型包括线性、辐射、圆锥、正方形四种,在"选项"中设置"角度"来表示渐变的方向,"边界"表示渐变的起始位置,步长值默认为 256。解除锁定后,可设定渐变的阶层数。阶层数越大,渐变色彩越细腻。颜色调和包括双色调(双色渐变)和自定义(多色渐变)。中心位移对"线性"外的 3 种方式起作用,用于设置渐变的中心点。

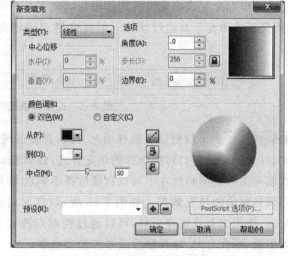

图 5-11 填充方式选择菜单　　　　图 5-12 "渐变填充"编辑器

- 图样填充:提供双色、全色和位图 3 种图案填充模式,通过如图 5-13 所示设置,对对象做图案填充,形成连续图案效果(如图 5-14 所示)。可以使用"浏览"按钮载入新图案,"大小"用于调整图案尺寸,"变换"用于改变图案尺寸和角度,"将填充与对象一起变换"和"镜像填充"为可选项。

图 5-13 "图样填充"参数设置　　　　图 5-14 连续图案效果

- 底纹填充：随机生成的填充，可用来赋予对象自然的效果。CorelDRAW X6 提供预设底纹，每种底纹均有一组可以更改的选项。底纹填充只能包含 RGB 颜色，但是可以使用其他颜色模型和调色板作为参考来选择颜色。底纹填充会增加文件大小以及延长打印时间，因此使用较少。
- PostScript 填充：一种较为特殊的填充类型，采用 PostScript 语言设计图样。要获得该填充类型的效果，必须使用支持 PostScript 语言的打印机。因为 PostScript 填充类型的复杂底纹使打印和屏幕更新的时间都比较长，所以通常在屏幕上都是用字母 PS 来表示填充，而不显示实际的填充效果。
- 无填充：不对对象进行填充。

2）交互式填充工具

工具箱中 交互式填充工具的作用与填充工具相同，只是选择填充工具，将弹出"编辑"对话框；而交互式填充工具通过菜单下的属性栏完成填充方式选择和各项参数设定，如图 5-15 所示。

图 5-15　交互式填充工具

下拉框用于选择填充方式，其后的按钮用于设定相关参数。 用于编辑填充方式，打开的编辑窗口对应选择的填充方式，编辑窗口与填充工具中的设置窗口完全相同。交互式填充工具的便利性在于可以直接选择不同的填充方式对对象进行填充，也可以在页面中直接调整对象的填充效果。如图 5-16 所示，在对对象渐变填充后，使用交互式填充工具，可以通过控制点改变填充的起始位置、渐变方向，以及删除或添加渐变色彩。

3）网状填充

CorelDRAW 中的 网状填充工具是一个功能强大的对象色彩处理工具，其作用与 Adobe 公司的矢量绘图软件 Illustrator 中的渐变网格基本相同，可以产生写实绘画中独特的逼真效果。

使用网状填充工具可以创建任何方向的平滑色彩过渡，无须创建调和或轮廓图。应用网状填充时，可以指定网

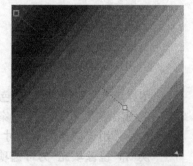

图 5-16　编辑填充

格的列数和行数，可以指定网格的交叉点。创建网状对象之后，可以通过添加和移除节点或交点来编辑网状填充网格；也可以移除网状。网状填充只能应用于闭合对象或单条路径。如果要在复杂的对象中应用网状填充，首先必须创建网状填充的对象，然后将它与复杂对象组合成一个图框精确剪裁对象。

如图 5-17 所示，选中一个椭圆对象，然后单击 网状填充工具，对椭圆对象使用网状填充工具，如图 5-18 所示，椭圆对象中产生了十字网格，将椭圆分成了 4 个区域。每个区域可以填充单独的颜色（控制区域的色彩），在网格的交点上可以填充单独的颜色（控制交点四周的色彩）。如图 5-19 所示，在调色板中选择红色并拖拽到右上区域，产生红色的区域效果，并向四周自然渐变过渡；如图 5-20 所示，在调色板中选择黄色并拖拽到十字交点上，产生中间区域的黄色渐变与红色叠加的融合效果。

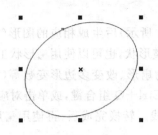 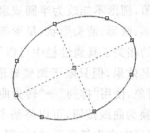

图 5-17　选中椭圆对象　　　　　　　图 5-18　十字网格

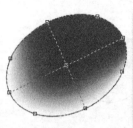  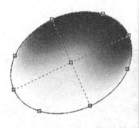 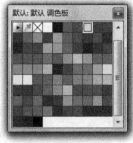

图 5-19　红色区域　　　　　　　　　图 5-20　红色与黄色融合

选择填充网格,网格中的每个点都显示出手柄。如图 5-21 所示,可以通过移动点或调整点的手柄改变填充效果。如图 5-22 所示,在网格中任意位置单击都可以产生十字交叉线。通过细分区域,为不同区域和交点填充,得到复杂的色彩效果。选择其他工具后,填充网格自动消失,如图 5-23 所示,是填充网格消失并取消对象轮廓(改为无轮廓)后的效果。

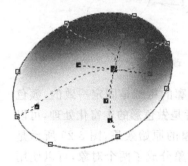 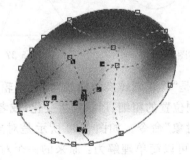 

图 5-21　调整手柄　　　　图 5-22　细分区域　　　图 5-23　填充网格消失并取消
　　　　　　　　　　　　　　　　　　　　　　　　　　　　　　对象轮廓的效果

5.2.4　转换为曲线

在 CorelDRAW 的排版操作中有一项最基本的操作,称为"转曲",即"排列"→"转换为曲线"命令的简称。转换曲线针对的内容包括以下几个方面:基本形状(矩形、椭圆等)、轮廓和文字。

1. 基本形状转曲

转换为曲线,是指将不具有曲线性质的几何图形转换成曲线,被转换的对象转换完成后就可以使用形状工具编辑图形,转曲后的对象丢掉其原有属性。比如,转换为曲线后的矩形将不能设置圆角值,圆形不能改为半圆或扇形,等等。

选择矩形、圆形、箭头形状、星形等工具(如图 5-24 所示)后生成相应的图形(如图 5-25 所示),在顶部的相关工具属性栏中可以设置其参数,调整形状,也可以使用 形状工具通过调整节点来改变其效果,但只限于调整矩形圆角、将圆调为扇形、改变多边形变数等(如图 5-26 所示)。选择对象,使用"排列"→"转为曲线"命令,或按 Ctrl+Q 组合键,或单击对应工具项属性栏中的 转换为曲线按钮,可以将基本形状转换为曲线。转换完成后,再使用 形状工具,调整节点,将图形改变为任意形状(如图 5-27 所示)。

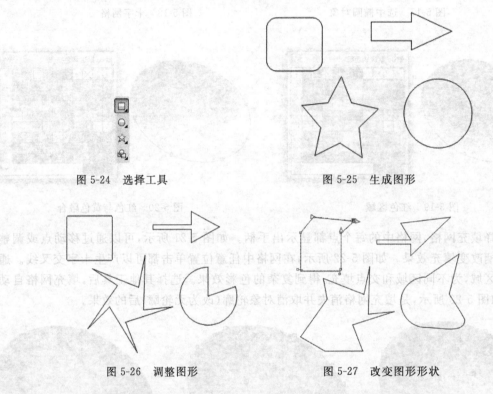

图 5-24　选择工具　　　　　　　图 5-25　生成图形

图 5-26　调整图形　　　　　　　图 5-27　改变图形形状

与转换为曲线类似的操作是"将轮廓转换为曲线"。对象轮廓的粗细是固定一致的,颜色也是单色,如果想让轮廓的不同位置的粗细、形状发生变化,或者是做色彩的丰富化处理,可以使用"排列"→"将轮廓转换为对象"命令。如图 5-28 所示是对象的原始效果,图 5-29 所示是将轮廓转换为对象后的效果。可以简单理解为:原来的一个对象分成了两个对象,可以使用 移开其中之一,使两者完全独立。

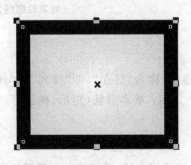 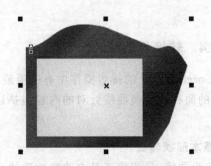

图 5-28　对象的原始效果　　　　　图 5-29　将轮廓转换为对象

2. 文字转曲

文字转化为曲线是 CorelDRAW 印前操作或字体设计的一个重要步骤。

在发排或者与其他计算机交换文件的时候，对方的计算机如果没有文件中使用的字体，软件就要用其他字体（默认为宋体）来替换设定的字体。为了避免此类事情的发生，需要把文字转换成曲线。转曲后，字体不再具有文字属性，不再受字库的限制。

文字转曲后的字体设计如图 5-30 所示。使用最接近的字体输入文字，然后转换为曲线，再通过节点编辑，得到最终的艺术字体。

图 5-30　文字转曲

5.3　文字排版

CorelDRAW 是一种专业性的绘图软件，也是一种功能极为强大的排版软件。对于产品设计表现来说，CorelDRAW 不仅用来制作产品效果表现，还可以实现相关的展板制作等辅助设计。

5.3.1　美工字和段落文本

CorelDRAW 文字排版分为两种方式：美工字和段落文本。一般情况下，编排标题使用美工字方式，编排整段文字使用段落文本。选择字文字工具，然后在页面上单击，可以直接输入文字，使用美工字方式排版；选择字文字工具，按住鼠标左键在页面上拖出如图 5-31 所示的文本框，可以在其中输入文字，使用段落文字方式排版。打开"窗口"→"泊坞窗"→"对象属性"泊坞窗，在选定文本的情况下，对象属性泊坞窗中显示字符和段落属性框，用于设置段落文本的属性效果（选中文字工具时，单击属性栏中的图标，也可以打开"文本属性"对话框，如图 5-32 所示），选项内容和设定方法与 Word 等文本编辑软件相同。

一个文本框中文本不能完全显示时，可以如图 5-33 所示，实现文本框之间的链接。

5.3.2　使文本适合路径

在 CorelDRAW 中，使文字适合路径是一种美工文字的基本技法，有多种操作方法。绘制需要的路径后，用选择工具选中该路径，然后使用"文本"→"使文字适合路径"命令，或选中路径后直接使用文字工具在路径上单击，可执行文字沿路径绕排的操作，效果如图 5-34 所示。各选项如图 5-35 所示。

图 5-31 拖出文本框　　　　　图 5-32 "文本属性"对话框

图 5-33 文本框链接

第 5 章 CorelDRAW 产品设计表现基础

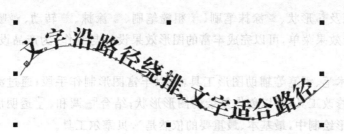

图 5-34　文字沿路径绕排

图 5-35　使文本适合路径选项

- 文本方向：设定文本的总体朝向，共有竖直、垂直路径等 5 种方向。
- 与路径的距离：指定文本与路径间的距离。
- 偏移：通过指定正值或负值来移动文本，使其靠近路径的终点或起点。
- 镜像文本：文本水平或垂直镜像。

5.3.3　图形文本框

如图 5-36 所示，在 CorelDRAW 中，可以将图形作为文本框，在其中输入文本。选择图形对象，使用"文本"→"段落文本框"→"创建空文本框"命令，即可将选定的图形对象作为文本框，在其中输入段落文本。

图 5-36　将图形作为文本框输入文字

段落文本框的相关操作与普通文本框相同。

5.4　图形绘制

作为经典矢量软件，图形绘制是 CorelDRAW 的专长。CorelDRAW X6 工具箱中提供了 ▢ 矩形、⚪ 圆形、多边形、☆ 星形等基本工具，↝ 手绘、↘ 贝塞尔、艺术笔、钢笔、B 样条等绘图工具,以及 形状、 涂抹笔刷、 粗糙笔刷、 涂抹、 转动、 吸引、 排斥等图形修改工具,配合效果菜单,可以完成丰富的图形效果设计与制作,为产品设计表现提供了多种手段。

通过手绘艺术笔、钢笔等辅助图形工具,可以丰富图形制作手段;通过涂抹笔刷、粗糙笔刷、转动、吸引等修改工具,可以创作复杂的图形形状;结合 调和、 透明度等工具,产生色彩之感。但在图形绘制中,最基本、最重要的依然是 贝塞尔工具。

5.4.1 贝塞尔工具

 贝塞尔工具是 CorelDRAW 软件中最重要的绘图工具之一。贝塞尔工具可以创建比手绘工具更为精确的直线和对称、流畅的曲线,它提供了最佳的绘图控制和最高的绘图准确度。

贝塞尔曲线由一个或多个直线段或曲线段组成。

1. 绘制直线段

在使用贝塞尔工具时,单击鼠标左键生成节点,移动鼠标后,再次单击左键,可将两点用直线段相连。利用贝塞尔工具可以绘制直线、斜线,按住 Ctrl 键可以限制水平、垂直或呈角度绘制线段,连续单击可绘制连续的多段直线段。

2. 绘制曲线段

在使用贝塞尔工具时,单击鼠标左键生成节点,移动鼠标到下一位置后,单击左键的同时移动鼠标,即生成曲线段;按住鼠标左键并移动鼠标,可以调整其曲率。

每个曲线节点都有控制点,允许修改线条的形状,如图 5-37 所示,以节点标记路径段的端点。在曲线段上,每个选中的节点显示一条或两条方向线,方向线以方向点结束。方向线和方向点的位置决定曲线段的大小和形状,移动这些因素将改变曲线的形状。

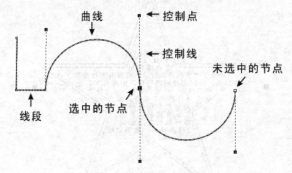

图 5-37　曲线节点和控制点

贝塞尔曲线包括对称曲线和尖突曲线。对称曲线节点的两个控制点相互对称;尖突曲线由角点连接,节点的两个控制点可以分别调整,从而精细地控制曲线的曲率。两种节点如图 5-38 所示。

对贝塞尔曲线的编辑操作包括改变节点的类型、断开节点、焊接节点、对齐节点等。相关操作集中在属性栏中,在使用贝塞尔工具绘制图形时,属性栏中的工具全部为灰色(禁用状态);选择 形状后,相关工具变为可用,提供曲线编辑功能,如图 5-39 所示。

形状编辑中,有关节点的主要操作如下所述。

- 添加节点:通过添加节点,增加曲线对象中可编辑线段的数量。单击曲线产生虚

第5章 CorelDRAW产品设计表现基础

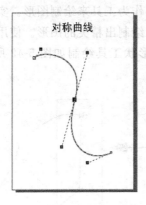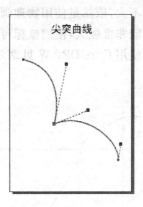

图 5-38　对称曲线和尖突曲线及其控制点

图 5-39　属性栏

点，然后单击添加节点按钮，生成新的节点；直接在曲线上双击，也可添加节点。

- 删除节点：选中节点后，单击删除节点按钮，可删除当前选中的节点；也可直接双击节点将其删除。
- 连接两个节点：对于不闭合的曲线或属于同一形状的多个曲线段，使用 选择工具选中后（一般情况下，按住鼠标左键拉出矩形框可以圈选），单击连接图标，可以将两个点焊接为一个节点。
- 断开曲线：选中节点后单击断开曲线按钮，可以将曲线从当前节点处断开。
- 转换为线条：将曲线段转换为直线段。操作中，若是选中某一段，是将此段曲线转化为直线；若是选择某一点，是将此点之前的一段转换为直线段。
- 转化为曲线：将线段转化为曲线，可以控制并更改曲线形状。其作用与"转化为线条"正好相反。转化后的表现是节点上出现控制柄，可调整控制柄来改变曲率。
- 尖突节点：通过将节点转化为尖突节点，在曲线中创建一个锐角。
- 平滑节点：通过将节点转化为平滑节点，提高曲线的圆滑度。
- 对称节点：将平滑节点转化为对称节点（尖突点只有先转化为平滑节点，才能转化为对称节点）。
- 反转方向：将形状的起始端点互反，其作用在沿路径编排艺术字时表现明显。
- 延长曲线使之闭合：作用于不闭合的曲线或属于同一形状的多个曲线段。与 连接两个节点的区别是，两个开放的节点之间通过新增加的直线段相连，效果如图 5-40 所示。

5.4.2　卡通形象绘制

在更多有美术基础，且习惯手绘的图形设计师眼中，计算机绘图总是显得很机械，所以手绘板（即数位板，又名绘图板、绘画板，是计算机输入设备的一种，通常由一块板子和一支压感笔组成，用作绘画创作方面，就像画家的画板和画笔。数位板主要面向设计、美术相关专业师生、广告公司与设计工作室以及动画制作者）成为一种必备的工具，如图 5-41 所示。手绘板与传统的手绘作画区别不大,依然是使用物理画笔作为工具来绘制图形。实际上,现有绘图软件的形状绘制和编辑功能非常强大,使用鼠标可以绘制出精美的图形。使用鼠标绘画,在网络中称为鼠绘。下面介绍使用 CorelDRAW 贝塞尔形状工具绘制如图 5-42 所示卡通形象史迪仔的方法。

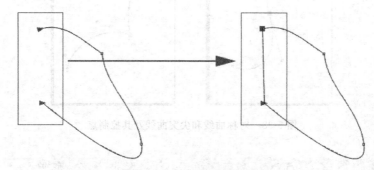

图 5-40　延长曲线使之闭合

图 5-41　手绘板　　　　　　　　　　　图 5-42　卡通形象史迪仔

先使用贝塞尔工具绘制由直线段构成的基本大形;再用形状工具,通过添加节点、调整节点的类型和曲率,对其进行细节刻画和调整,并设置轮廓和填充颜色;基本外形确定后,依次添加眼、鼻、脚、胸部形状和色彩;最后,统一调整,完成绘制(在制作过程中,需要不断地对形状进行校正)。史迪仔的形象比较简单,因此可以不用设置新图层,在图层 1 上完成即可。

(1)建立新文件。选择工具箱中的贝塞尔工具,绘制如图 5-43 所示由直线段组成的多边形,画出史迪仔的基本大形。

(2)调整左耳细节。如图 5-44 所示,选择形状,在 a 处添加节点。调整 a 点位置后,单击曲线,出现虚点 b。然后,单击转化为曲线按钮,将线段转化为曲线,并用鼠标调整曲率。

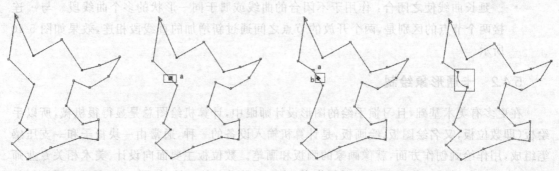

图 5-43　绘制多边形　　　　　　　　图 5-44　将线段转化为曲线并调整曲率

(3) 选中如图 5-45 所示的 c 点，单击 按钮，将节点 c 转化为曲线点；单击下一段曲线，出现虚点 d，再单击 按钮，将此线段转化为曲线；选中节点 e，单击 平滑节点按钮，将其转化为光滑的过渡。

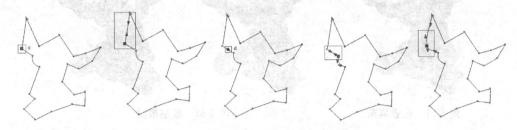

图 5-45　将线段转化为曲线并完成平滑过渡

(4) 第(3)步介绍了添加节点和调整曲率的方法，大体涵盖了主要的操作技巧。下面通过加点和调整点，完成左耳的大致效果，如图 5-46 所示。

(5) 调整头部造型。如图 5-47 所示，调整头发区域的节点造型，使用 尖突节点按钮，将节点改为尖突节点，再分别调整节点两侧的手柄。

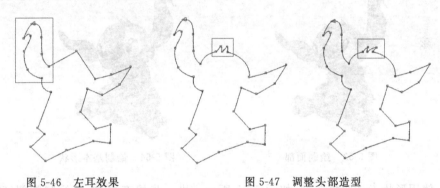

图 5-46　左耳效果　　　　　图 5-47　调整头部造型

(6) 调整右耳造型，如图 5-48 所示。调整胸部轮廓和左下肢效果，如图 5-49 所示。完成的整体基本效果如图 5-50 所示。

图 5-48　调整右耳造型　　图 5-49　调整胸部轮廓和左下肢效果　　图 5-50　整体基本效果

(7) 设置轮廓比宽度值，并设置淡蓝色色彩填充，效果如图 5-51 所示。

(8) 使用 圆形工具画出椭圆眼睛形状，然后单击属性栏的 转换为曲线按钮，将其转换为可以使用形状工具调整的曲线，并调整其形状。填充颜色，进一步绘制眼球细节，效果如图 5-52 所示。

图 5-51 色彩填充　　　　　　　　图 5-52 绘制眼睛

（9）完成面部绘制，如图 5-53 所示。

（10）绘制胸部。除按第（2）步和第（3）步的方法使用 贝塞尔工具绘制直线段，再运用 形状工具调整为最终形状外，对于较简单的曲线图形，还可以使用贝塞尔工具直接绘制基本形状，然后精细调整。如图 5-54 所示绘制出基本形状。

图 5-53 绘制面部　　　　　　　　图 5-54 绘制基本形状

（11）使用形状工具调整造型，如图 5-55 所示。进一步填充白色，并绘制胸部细节，如图 5-56 所示。

图 5-55 调整造型　　　　　　　　图 5-56 绘制胸部细节

（12）绘制两只脚的细节。使用 手绘工具绘制如图 5-57 所示的自由曲线，然后使用 形状工具调整细节。新绘制的路径轮廓与现有轮廓粗细不一致，选中新路径后，使用"编辑"→"复制属性自…"命令将原有轮廓笔的属性赋予新路径，对话框如图 5-58 所示。

（13）继续绘制脚部细节。使用圆形工具绘制椭圆，设置色彩填充和轮廓参数。使用 选择工具选中后，单击可以调整旋转角度（鼠标拾取中间的圆心，调整旋转中心的位置），如

图 5-59 所示。继续使用圆形工具,单击属性栏的 ○ 按钮,将椭圆图形转换为曲线,调整为更自然的效果,如图 5-60 所示。

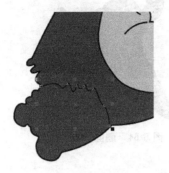
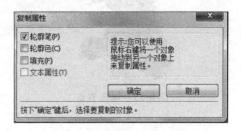

图 5-57　绘制自由曲线　　　　　图 5-58　"复制属性"对话框

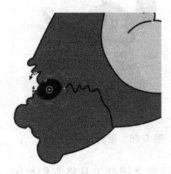

图 5-59　调整旋转角度　　　　　图 5-60　将椭圆图形转换为曲线并调整

(14) 做出胳膊的轮廓,完善各部分细节,效果如图 5-61 所示。

(15) 绘制耳朵部分的效果。首先选择最底部的形状,然后使用"编辑"→"复制"命令(或按 Ctrl+C 组合键)进行复制,再使用"编辑"→"粘贴"命令(或按 Ctrl+V 组合键)进行粘贴,将对象粘贴在最顶层,如图 5-62 所示。

图 5-61　绘制胳膊　　　　　　图 5-62　绘制耳朵部分

(16) 使用 形状工具选择要删除的节点(按住鼠标左键画矩形,圈选矩形框内的节点。按住 Shift 键添加选取),结果如图 5-63 所示。单击形状工具属性栏的 删除节点按钮,或按 Del 键将选择的节点删除,结果如图 5-64 所示。

(17) 继续使用上一步的方法,选择如图 5-65 所示的 4 个节点,再单击形状工具属性栏的 断开曲线按钮,将曲线从 4 个节点处断开,然后删除中间两段曲线,结果如图 5-66 所示。

图 5-63　选择节点

图 5-64　删除节点

图 5-65　选择节点

图 5-66　断开曲线并删除

（18）分别选中对应的两个端点，使用 延长曲线使之闭合工具将它们封闭，并填充紫色，效果如图 5-67 所示。使用形状工具对耳部节点调整造型，完成整体效果的制作，如图 5-68 所示。

图 5-67　闭合曲线并填充

图 5-68　整体效果

本例卡通图形绘制中，主要使用了贝塞尔工具和形状编辑工具。通过图形绘制、复制、编辑调整等基本技巧，完成复杂的形状设计。CorelDRAW 中的贝塞尔工具在形状编辑工具的配合下，绘图功能强大，使用方便，是产品设计表现的图形处理基础。

5.5　CorelDRAW 产品设计质感表现

产品设计表现的关键是把握好对象体感的控制。体感的表现关键在于光影的处理与运用，即通过光影的明暗变化产生物体的层次感。下面通过几个简单的练习来认识

CorelDRAW X6 质感表现的方法。

5.5.1 自然质感表现

使用 CorelDRAW 的网格填充工具可以表现细腻、自然的真实质感。在自然形态表现和工业产品表现中，网格工具都是常用的质感表现工具。图 5-69 所示是使用网格填充工具结合基本形状编辑方法绘制的逼真的香蕉效果。

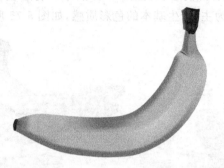

(762KB)

图 5-69　绘制的香蕉效果

（1）在使用网格填充工具做香蕉自然质感表现练习时，先打开一张如图 5-70 所示的照片作为参照。具体方法：打开 CorelDRAW X6 软件后，建立新文件，使用"文件"→"导入"命令，或单击菜单下方标准栏中的 导入按钮（还可以使用 CTRL＋I 快捷键），将香蕉图片导入文件中，然后使用矩形工具绘制矩形作为香蕉的起始图形，如图 5-71 所示。

图 5-70　香蕉的照片　　　　　　　图 5-71　绘制矩形

使用 网格工具时，从画矩形开始，而不是使用钢笔工具绘制香蕉外形路径。因为 CorelDRAW 的网格填充工具自动生成水平和垂直网格，不能按需要的走向生成网格。如果一开始就勾出香蕉的外形，网格填充后的网格不是正常所需要的网状结构。通过实验体会。因此，在使用网格填充工具时，一般从矩形开始绘制，再根据物体形状不断细化、调整。

（2）为绘制的矩形填充黄色。使用 网状填充工具，通过加、减网格线，调整网格线的位置，编辑填充区域，如图 5-72 所示。在使用网格填充工具时，属性栏显示的网格编辑方式与形状工具的调整编辑基本相同（属性栏内容如图 5-73 所示）。在竖线上双

图 5-72　编辑填充区域

击,添加竖向网格线;在横线上单击,添加横向网格线;在网格区域内双击,添加双向十字交叉线。

图 5-73 属性栏

(3) 以导入的图片为参照,编辑香蕉的形状,如图 5-74 所示。将形状轮廓设定为无轮廓,初步填充色彩。香蕉的颈部以黄绿为主,产生基本的色彩质感,如图 5-75 所示。

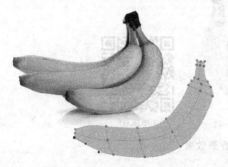 

图 5-74 编辑香蕉的形状　　　　　　图 5-75 填充色彩

(4) 取消网格显示后,观察色彩效果,如图 5-76 所示。继续编辑尾部色彩变化,细化色彩效果,如图 5-77 所示。

 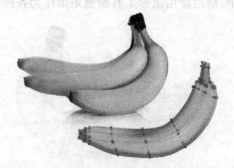

图 5-76 色彩效果　　　　　　图 5-77 细化色彩效果

(5) 在左侧添加新的矩形,设定轮廓为无轮廓,并使用网状填充工具做出底端细节效果,如图 5-78 和图 5-79 所示。

 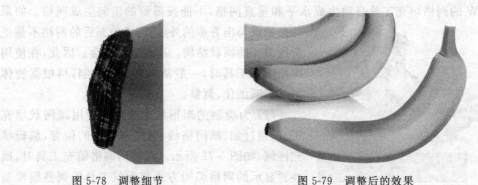

图 5-78 调整细节　　　　　　图 5-79 调整后的效果

（6）绘制香蕉顶端蒂部的色彩。绘制矩形，将轮廓设定为无轮廓，使用网状填充工具编辑矩形网格，分别在网状区域内或网格的控制节点上添加不同的颜色，产生顶端蒂部的色彩质感，效果分别如图 5-80 和图 5-81 所示。

图 5-80　编辑网格并填充色彩

图 5-81　绘制的色彩质感

（7）调整和刻画局部细节，完成整体效果的绘制，如图 5-82 所示。

图 5-82　整体效果

5.5.2　金属质感表现

运用 Photoshop 软件表现质感，其低版本中无图层样式编辑时，主要使用滤镜来塑造质感；在高版本中，主要使用图层样式或者结合滤镜命令来塑造质感。在 CorelDRAW 软件中，除了使用网状填充工具外，还可以结合底纹填充等操作表现不同的质感。如图 5-83 所示，运用底纹填充技巧表现金属标牌质感。

图 5-83　金属质感表现

（1）首先使用矩形工具绘制基本的轮廓图。校徽的基本图形可以使用圆形、文字等工具制作，毛笔字等文字内容可以先通过扫描获取图像，再使用"位图"→"描摹"→"轮廓描摹"→"徽标"命令，或使用选择工具属性栏中 按钮，将位图图像转换为矢量图。本例直接从实例素材中导入矢量素材，效果如图 5-84 所示。

（2）选择最外层的两个矩形，然后使用"排列"→"合并"命令，或按 Ctrl+L 组合键，将两个图形合并,再将轮廓设定为无轮廓。选择渐变填充方式,填充标牌最外轮廓,效果如图5-85所示。

(3) 全部选中名称文字,然后使用"排列"→"合并"命令,或按Ctrl+L组合键将文字合并。分别给徽标和文字填充红色和黑色,效果如图5-86和图5-87所示。

图5-84 导入素材

图5-85 合并图形并填充轮廓

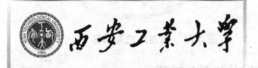
图5-86 填充颜色

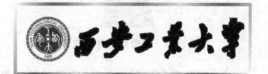
图5-87 填充颜色

(4) 选中徽标,选择交互式工具组的 轮廓图工具,再如第(3)步所示,单击属性栏的 外部轮廓按钮生成轮廓。参数保持上次的调整值,效果如图5-88所示。

(5) 选择徽标对象,使用"排列"→"拆分轮廓图群组"命令,或按Ctrl+K组合键,将徽标和新生成的轮廓分离。对名称文字也执行同样的操作。选择名称文字背后的轮廓,使用渐变填充对其做色彩渐变,效果如图5-89所示。

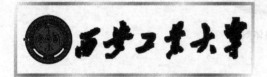
图5-88 生成轮廓

图5-89 色彩渐变

(6) 选择徽标背后的轮廓,再选择 交互式填充工具,然后在属性栏选择 线性渐变方式,单击 复制属性按钮,复制名称文字的渐变属性并赋予徽标,结果如图5-90所示。

(7) 制作标牌内部的填充底纹。先绘制矩形,如图5-91所示。

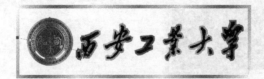
图5-90 设置徽标及文字的属性

图5-91 绘制矩形

(8) 对新建的矩形使用 底纹填充,参数设置如图5-92所示。使用"排列"→"顺序"→"到页面后面"命令,将对象移至底层,效果如图5-93所示。

(9) 使用选择工具选中全部对象,然后使用"位图"→"转换为位图"命令,将绘制的标牌图形转换为位图格式,参数设置如图5-94所示。可以设置位图的分辨率、色彩模式等参数。

(10) 完成标牌的单色质感之后,运用图像滤镜来做标牌的凹凸立体质感和色彩表现。

Photoshop 作为经典的点阵软件,具有强大的滤镜处理功能;Corel 公司在 CorelDRAW 经典矢量设计的前提下,也拥有 Corel PHOTO-PAINT 图像处理软件,并且和 CorelDRAW 打包在一起。安装 Corel Graphics Suit X6 时,软件包中含有 CorelDRAW 和 Corel PHOTO-PAINT 等 7 个软件。图 5-95 所示是 Corel PHOTO-PAINT 的启动界面。

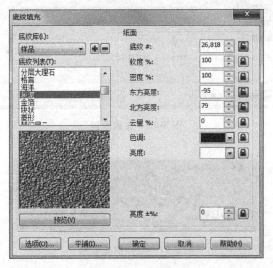

图 5-92　参数设置

图 5-93　填充底纹

图 5-94　位图格式参数设置

图 5-95　Corel PHOTO-PAINT 启动界面

(11) 在 Corel PHOTO-PAINT 软件中打开标牌位图文件,然后使用"效果"→"底纹"→"塑料"命令,对位图做立体质感处理。参数设置如图 5-96 所示,效果如图 5-97 所示。

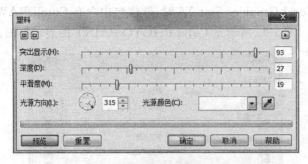

图 5-96 参数设置

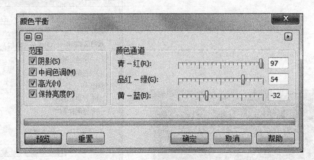

图 5-97 立体质感效果

(12) 使用"调整"→"颜色平衡"命令,为标牌位图添加彩色效果。参数设置如图 5-98 所示,生成的黄色金属效果如图 5-99 所示。

图 5-98 参数设置

(13) 重新回到 CorelDRAW 软件,打开调整完毕的彩色位图标牌文件,然后使用 投影工具为其增添投影效果。在投影属性栏中, 40 用于设置投影的不透明度, 12 用于设置阴影羽化值(即阴影的虚实度), 用于设置阴影的方向。最终效果如图 5-100 所示。

图 5-99 黄色金属效果　　　　　　图 5-100 金属标牌最终效果

Chapter 6 第6章 CorelDRAW X6 产品设计表现实例一——法拉利跑车

第3章和第4章介绍了 Photoshop 的产品设计表现方法。作为点阵软件的 Photoshop，最大的特点是每画一部分（特别是有区域重叠的部分），都需要建立新的图层，否则后期可能无法修改。本章介绍 CorelDRAW 软件的产品设计表现技巧。CorelDRAW 作为矢量软件，每个矢量对象互不影响，图层不是必需的，但是为了操作方便，在 CorelDRAW 的对象管理器中同样可以像 Photoshop 一样进行必要的图层管理。

在产品设计表现方面，矢量软件在色彩处理上与点阵软件有很大区别。本章通过一个较为简单的跑车效果表现来介绍 CorelDRAW 中形状绘制和质感表现的方法。

6.1 跑车表现分析

本章介绍绘制如图 6-1 所示的法拉利跑车。

(1.27MB)

图 6-1 法拉利跑车照片

观察图片可知，要绘制的法拉利跑车只是一张侧面的照片，角度简单，效果表现要比第 4 章中的玛莎拉蒂汽车简单得多。从色彩上看，主要通过色彩渐变来完成车身质感的表现，只是车轮轮毂的明暗效果有一些烦琐。

从构成上看，本例需要表现的内容主要是车身和车轮两部分。

6.2 绘制跑车车身

6.2.1 绘制跑车车身基本轮廓

首先绘制法拉利跑车车身的基本轮廓。

（1）新建如图 6-2 所示的文件，然后选择 ▭ 矩形工具绘制矩形，作为车身的基础（小贴士：在作图的初始阶段，从一些最简单的基本型开始，通过形状编辑、修改而得到最终效果是一种常用和有效的方法。相比直接使用 ✎ 贝塞尔工具调整形状，使用矩形编辑和调整形状更接近素描形体表现的训练，形体的准确度更易于把握和控制），如图 6-3 所示。矩形是基本形状，可以通过属性栏设定矩形的 ⌐ 圆角、⌐ 扇形角、⌐ 倒棱角等效果，但是矩形和椭圆形、星形、多边形等基本图形都不是基本曲线，不能使用工具栏中的 ⌐ 形状工具编辑节点，只有转换为曲线后，才能像其他曲线形状一样编辑节点和线段，因此在绘图中，除了使用 ✎ 贝塞尔工具、✎ 手绘工具直接绘制曲线形状，使用矩形等基本形状时，需要在绘制完成后将其转换为普通的可编辑曲线。

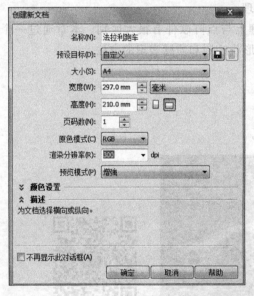

图 6-2 新建文件

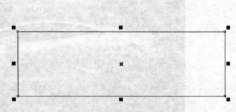

图 6-3 使用矩形编辑形状

（2）单击属性栏的 ◯ 按钮（或使用"排列"→"转换为曲线"命令，或按 Ctrl+Q 组合键），将矩形转换为曲线，然后使用 ⌐ 形状工具编辑形状，得到如图 6-4 所示的车身外形（第 5 章详细介绍了 ⌐ 形状工具中各调整功能的使用方法，可以参考史迪仔的绘制方法）。

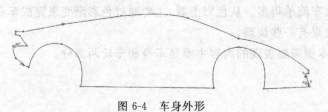

图 6-4 车身外形

(3) 设定图形轮廓为"无轮廓"方式，然后选择 填充工具中的 渐变填充方式对图形进行色彩填充。色彩设置及效果如图 6-5 所示。

图 6-5　色彩设置及效果

6.2.2　绘制跑车车身侧窗

(1) 首先分出车窗位置，绘制车窗的基本形状（两种方法：一种是使用 矩形工具绘制矩形，然后单击属性栏 按钮将其转化为曲线，再使用 形状工具编辑形状，得到车窗形状；另一种是使用 贝塞尔工具直接绘制车窗形状，并使用 形状工具编辑形状的细节，得到车窗形状）。完成的路径形状如图 6-6 所示。将车窗形状设置为无轮廓，并填充灰色作为玻璃的基本效果，如图 6-7 所示。

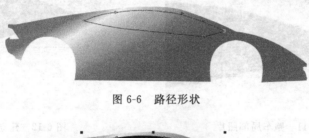

图 6-6　路径形状

图 6-7　车窗填充

(2) 逐步刻画车窗的细节。使用 贝塞尔工具绘制车窗的边框（小技巧：为了绘制的准确性，按照形状连续单击鼠标左键，生成如图 6-8 所示的由直线段构成的基本形状，再使用 形状工具，选中需要改为曲线的线段；然后单击 转化为曲线按钮，将直线段转化为曲线段，再调整曲率，直到符合形状要求，结果如图 6-9 所示），并填充为黑色，效果如图 6-10 所示。

图 6-8　直线段构成的基本形状

图 6-9　调整曲率

图 6-10　车窗效果

（3）跑车照片局部如图 6-11 所示。观察车窗尾部造型，色彩具有明暗渐变的特征，直接使用渐变不太容易表现，可以使用网格工具。首先建立如图 6-12 所示的矩形，设置轮廓为无轮廓，然后单击工具栏的 网状填充工具添加渐变网格，如图 6-13 所示。按住鼠标左键框选网格的所有控制点，然后单击属性栏的 转化为线条按钮，将所有线条都转化为直线。通过调整节点及其颜色，得到如图 6-14 所示的形状。

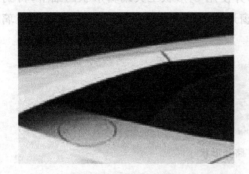

图 6-11　跑车局部照片

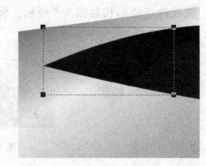

图 6-12　建立矩形

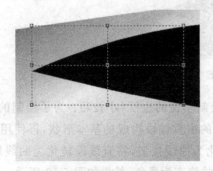

图 6-13　添加渐变网格

图 6-14　调整节点及其颜色

（4）采用同样的方法完成如图 6-15 所示的网格填充效果（小贴士：填充网格的编辑，类似于 形状工具的节点编辑，只是控制方式要少些。如图 6-14 所示的网格编辑中，先将所有线段转化为直线，再使用属性栏 转化为曲线工具转化个别点，然后配合使用 尖突节点、平滑节点、对称节点等工具调整出最终形状），再使用 透明度工具编辑图形透明度效果，如图 6-16 所示。

（5）选择 轮廓笔工具中的 无轮廓选项，弹出如图 6-17 所示的对话框。设置新绘制的图形无轮廓，可以省去每次设定图形取消轮廓的操作。运用前面介绍的形状绘制方法，绘制如图 6-18 所示的两个形状，分别填充灰色。在确认两个图形被同时选中的情况下，使用"排列"→"合并"命令将其合并,效果如图 6-19 所示。使用透明度工具调整透明度,如图 6-20 所示,得到车窗后端玻璃框的效果。

图 6-15　网格填充效果

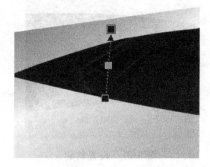

图 6-16　编辑透明度

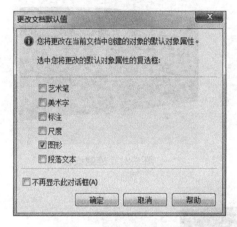

图 6-17　更改文档默认值

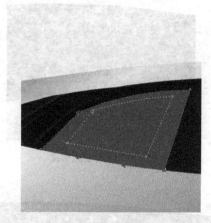

图 6-18　绘制形状

图 6-19　合并图形

图 6-20　调整透明度

(6) 继续表现车窗玻璃边框效果。使用贝塞尔工具绘制短线,设置轮廓颜色为深灰色,轮廓值为 1mm,效果如图 6-21 所示。使用"排列"→"转换轮廓为对象"命令,将轮廓转换为形状,调整节点,得到边框的效果,如图 6-22 所示。

(7) 添加细节,并对边框做透明度调整,如图 6-23 所示。添加内部高光细节(小技巧:高光细节表现方法为:绘制如图 6-24 所示的线段,并设定基本轮廓色;然后使用"位图"→"转化为位图"命令,将矢量曲线转化为点阵位图;再使用"位图"→"模糊"→"高斯式模糊"命令,做类似于 Photoshop 滤镜的模糊处理。参数及效果如图 6-25 所示。使用透明度工具做如图 6-26

所示的透明度编辑),效果如图 6-27 所示。

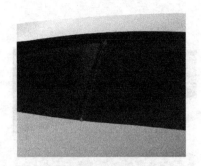
图 6-21 设置轮廓

图 6-22 边框效果

图 6-23 调整透明度

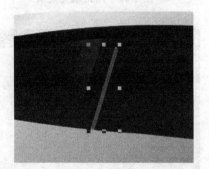
图 6-24 绘制线段

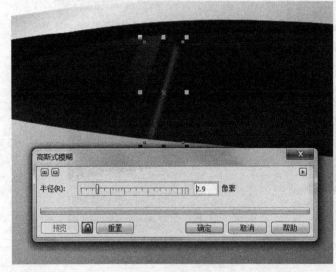
图 6-25 模糊处理

图 6-26 透明度编辑

图 6-27 添加内部高光细节的效果

(8) 制作侧窗前端的玻璃边框效果。绘制两个基本形状,然后使用"排列"→"合并"命令将其合并,效果如图 6-28 所示。使用透明度工具调整色彩关系,得到如图 6-29 所示的前端玻璃边框效果。绘制短线,将轮廓转化为对象,然后调整透明度,得到如图 6-30 所示的前端玻璃边框效果。继续制作中部玻璃边框上的高光,效果如图 6-31 所示。最后做侧窗边框上部的高光效果。完成后的车身侧窗基本效果如图 6-32 所示。

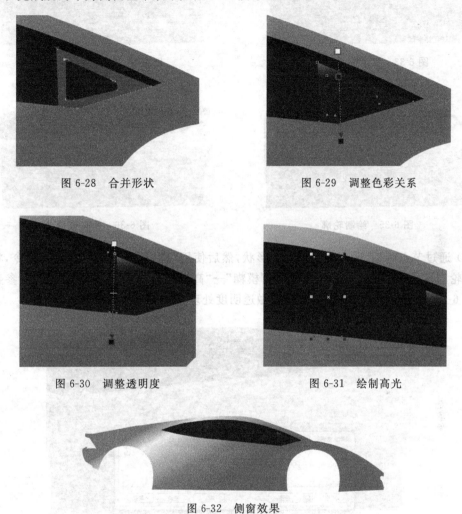

图 6-28 合并形状　　　　　　　图 6-29 调整色彩关系

图 6-30 调整透明度　　　　　　图 6-31 绘制高光

图 6-32 侧窗效果

6.2.3 绘制跑车车身腰线

观察图片,跑车腰部造型特征明显,车身侧面底部有进气孔,这是侧面车身的主要细节特征。先来制作腰线表现。

(1) 表现高耸的腰身效果。使用基本的贝塞尔工具绘制基本轮廓,然后使用形状工具进行调整,再用车身色彩进行单色填充,效果如图 6-33 所示。使用透明度工具做色彩的透明度渐变调整,效果如图 6-34 所示。

(2) 选中第(1)步绘制的图形,然后按 Ctrl+C(复制对象)组合键、Ctrl+V(粘贴对象)组合键复制、粘贴。设定轮廓为白色,粗细为 0.2mm,效果如图 6-35 所示。选择形状工具,单击属性栏的按钮,将曲线从节点 1 处断开,再依次选中几个节点并删除,得到最后的轮廓如

图 6-36 所示。

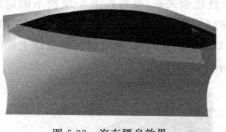

图 6-33　汽车腰身效果

图 6-34　透明度渐变调整

图 6-35　绘制轮廓

图 6-36　轮廓效果

（3）通过节点调整，适当调整轮廓的形状，然后使用"位图"→"转化为位图"命令，将腰线部位的轮廓转化为位图，再使用"位图"→"模糊"→"高斯式模糊"命令做模糊处理。参数及效果如图 6-37 所示。使用透明度工具对其做透明度处理，效果如图 6-38 所示。

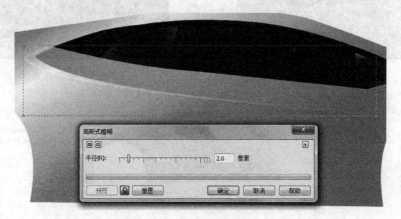

图 6-37　模糊处理

图 6-38　透明度处理

(4)制作腰线部位的高光效果(小技巧:CorelDRAW 作为矢量软件,与 Photoshop 等点阵软件不同,不能使用 PS 中的喷笔和画笔等工具点出高光。在 CorelDRAW 中一般先绘制高光的基本形状,然后转化为位图,再使用高斯式模糊做模糊处理,最后用透明度工具调整透明效果,得到自然、真实的高光效果)。使用基本绘图工具绘制如图 6-39 所示的形状,并填充白色。使用"位图"→"转化为位图"命令做位图转化,再使用"位图"→"模糊"→"高斯式模糊"命令设定合适的模糊值,做模糊处理,最后使用 透明度工具调整透明度,效果如图 6-40 所示。

图 6-39 绘制形状

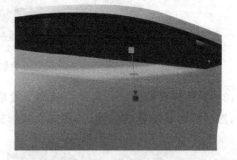
图 6-40 制作高光效果

(5)表现腰线尾部凹陷造型。绘制如图 6-41 所示的基本形状,并填充黑色。选择 透明度工具,对新绘制的形状做如图 6-42 所示的透明度编辑,得到尾部变深的凹陷效果。

图 6-41 绘制形状

图 6-42 透明度编辑

(6)绘制尾部的油箱盖。使用 椭圆工具绘制如图 6-43 所示的椭圆,并设置轮廓为黑色,粗细为 0.2mm。使用"位图"→"转化为位图"命令将椭圆转化为位图,然后使用"位图"→"模糊"→"高斯式模糊"命令做模糊处理,再选择透明度工具,通过透明度调整得到真实的效果,如图 6-44 所示。

图 6-43 绘制椭圆

图 6-44 透明度调整

6.2.4 绘制车身进气道及车门

(1) 绘制车身下部的进气口。结合 贝塞尔工具和 形状工具，绘制进气道部分的基本形状，并做单色填充，效果如图 6-45 所示。

图 6-45 绘制形状并单色填充

(2) 制作进气道尾部隆起产生的高光效果。绘制高光的基本形状，并填充白色，如图 6-46 所示；然后将形状转化为位图，并做高斯式模糊；最后调整透明度，效果如图 6-47 所示。

图 6-46 绘制形状并填充白色　　　　图 6-47 透明度调整

(3) 采用同样的方法做出下部进气道的其他部位高光效果，如图 6-48 所示。

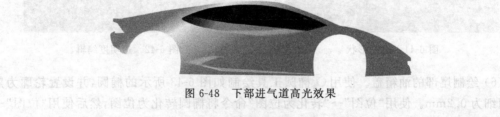

图 6-48 下部进气道高光效果

(4) 表现进气道尾部的进气孔。使用网格填充的方法，先建立矩形形状，并使用 网格工具添加网格，如图 6-49 所示。选中所有控制点，然后单击属性栏的 转化为线条按钮，将曲线转化为直线，并填充色彩，如图 6-50 所示。调整网格形状，如图 6-51 所示，再做细节调整，最终效果如图 6-52 所示。

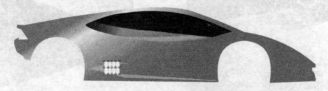

图 6-49 建立矩形并添加网格

第 6 章　CorelDRAW X6 产品设计表现实例一——法拉利跑车

图 6-50　将曲线转化为直线并填充色彩

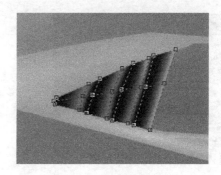

图 6-51　调整网格形状

图 6-52　细节调整效果

（5）绘制车门效果。绘制车门轮廓路径，并设置轮廓颜色及粗细，如图 6-53 所示。复制轮廓并填充深色，然后移动位置，产生立体效果，如图 6-54 所示。将两条曲线同时选中，并转化为位图，做高斯式模糊。调整透明度，得到车门的分缝效果，如图 6-55 所示。

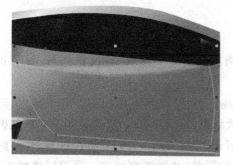

图 6-53　绘制轮廓

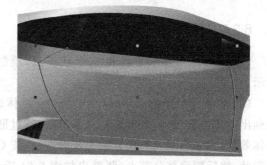

图 6-54　调整轮廓

图 6-55　车门的分缝效果

（6）绘制车门把手。使用矩形工具绘制矩形，并转化为曲线，然后使用形状工具调整出车把手形状，再做如图 6-56 所示的渐变填充。使用"排列"→"将轮廓转换为对象"命令，将把手轮廓转化为对象，再做如图 6-57 所示渐变填充效果。将车门把手边缘缝隙对象转换为位图，做高斯式模糊，并调整透明度，效果如图 6-58 所示。用同样的方法表现出钥匙孔效果，如图 6-59 所示。

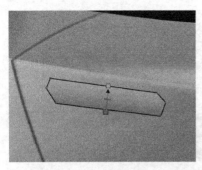
图 6-56 绘制车把手形状并做渐变填充

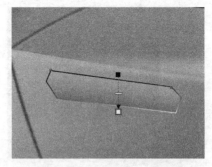
图 6-57 将把手轮廓转化为对象并做渐变填充

图 6-58 车把手效果

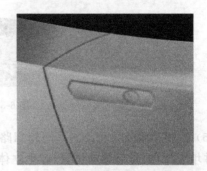
图 6-59 钥匙孔效果

6.2.5 绘制倒后镜

(1) 结合贝塞尔工具和形状工具,绘制倒后镜的基本形状,并填充色彩,如图 6-60 所示。

(2) 表现倒后镜的立体感(小技巧:在形体表现方面,可以将不同的面分开来画;也可以先画出整体造型,然后多次复制基本形状,通过形状编辑,得到局部造型,再使用渐变填充做出立体效果)。采用第 6.2.3 节第 2 步的方法,按 Ctrl+C 组合键、Ctrl+V 组合键复制、粘贴基本形状,然后删除部分节点,调整出如图 6-61 所示的形状,并做渐变填充。采用同样的方法,分别对基本形状曲线进行复制、粘贴和节点删除、线段调整,做出倒车镜下部和倒车镜支柱的立体效果。为了使效果更加自然,将对象转换为位图,做适当的高斯式模糊处理,效果分别如图 6-62 和图 6-63 所示。

图 6-60 绘制形状并填充色彩

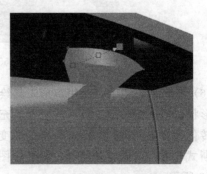
图 6-61 绘制形状并做渐变填充

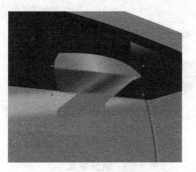
图 6-62　立体效果

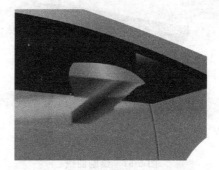
图 6-63　模糊处理后的效果

（3）如图 6-64 所示，将简单黑色曲线或形状转化为位图并做高斯式模糊，分别在反光镜上加适当的阴影，使转折的质感更强。采用同样的方法，做出倒车镜在车窗上的反光效果和在车身上的投影效果，如图 6-65 所示。当前的整体效果如图 6-66 所示。

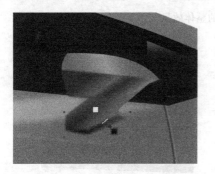
图 6-64　增强转折的质感

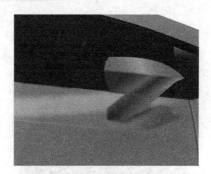
图 6-65　反光及投影效果

图 6-66　当前汽车的整体效果

6.2.6　绘制轮眉

（1）使用贝塞尔工具绘制如图 6-67 所示的曲线，并设置轮廓颜色为黑色（轮眉色彩是渐变效果，需要通过后面的步骤做出，此处指定任意颜色），粗细值为 1.5mm。使用"排列"→"将轮廓转换为对象"命令，将轮廓转化为对象，然后使用形状工具调整出轮眉的形状（小技巧：轮眉是宽度均匀一致的曲线形状。如果直接绘制形状不太容易控制，可以先绘制简单曲线，再转换为合适宽度的形状），并做如图 6-68 所示的渐变填充。

（2）采用同样的方法，绘制前轮轮眉。整体效果如图 6-69 所示。

6.2.7　绘制车头中网

（1）绘制车头中网。使用基本工具绘制如图 6-70 所示的形状，填充色彩并设置轮廓。继续绘制灰色轮廓的短线，做出中网的基本效果，如图 6-71 所示。

图 6-67 绘制曲线

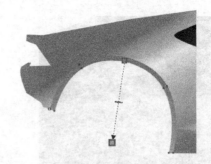
图 6-68 渐变填充

图 6-69 轮眉的整体效果

图 6-70 绘制形状

图 6-71 中网的基本效果

(2) 如图 6-72 所示,在"对象管理器"泊坞窗中,按住 Shift 键,同时选中新绘制的全部中网短线(小贴士:当画面中同一位置的对象较多时,在对象管理器中单击对象名称,可以很方便地进行选取。按住 Shift 键,可以同时选中多个对象,因此养成给对象命名的习惯,将更便于选择对象),然后使用"位图"→"转化为位图"命令将其转化为位图,并做透明度调整,得到较真实的中网效果,如图 6-73 所示。

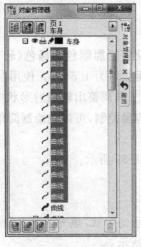
图 6-72 选择对象

图 6-73 较真实的中网效果

(3) 继续表现中网部分的立体造型。绘制如图 6-74 所示的形状,并填充深色。使用透明度工具做透明度调整,效果如图 6-75 所示。

图 6-74 绘制形状并填充深色

图 6-75 透明度调整

(4) 继续车头部分的细节表现。绘制如图 6-76 所示的形状,并做渐变填充。复制当前形状,然后使用形状工具,通过节点删减得到如图 6-77 所示的形状,并添加深色。

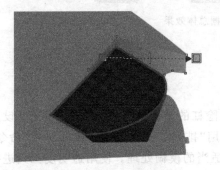
图 6-76 绘制形状并做渐变填充

图 6-77 删减节点

(5) 制作如图 6-78 所示的高光。将新生成的 3 个对象同时选中,转化为位图,并做适当的模糊处理,使效果更自然,如图 6-79 所示。

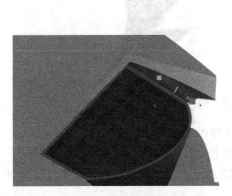
图 6-78 制作高光

图 6-79 模糊处理

(6) 表现车头底部的转折效果。绘制如图 6-80 所示的曲线,设置轮廓为白色,粗细为 0.2mm。将其转化为位图后,做高斯式模糊,并调整透明度,得到如图 6-81 所示的效果。

(7) 对中网进气格栅部分做细节调整,总体效果如图 6-82 所示。

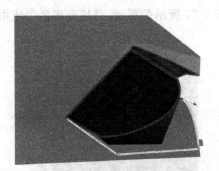
图 6-80 绘制曲线并设置轮廓
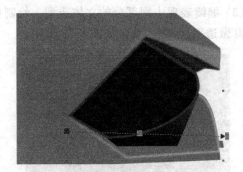
图 6-81 模糊处理并调整透明度

图 6-82 中网进气格栅总体效果

6.2.8 绘制车尾保险杠

车尾部位主要由保险杠和排气尾管构成。

(1) 结合贝塞尔工具和形状工具,绘制保险杠的基本外形,并做渐变填充。设置轮廓为黑色,粗细为 0.2mm,效果如图 6-83 所示。使用"排列"→"将轮廓转换为对象"命令,将黑色轮廓独立为对象,然后将其转化为位图,并做适当的模糊处理。使用透明度工具进行编辑,得到保险杠的基本效果如图 6-84 所示。

图 6-83 绘制保险杠基本外形

图 6-84 保险杠基本效果

(2) 继续对保险杠做细化处理,调整明暗关系,效果如图 6-85 所示。
(3) 绘制排气管形状,并做渐变填充,效果如图 6-86 所示。
(4) 复制、粘贴新绘制的排气管部分,效果如图 6-87 所示。使用形状工具,调整新复制对象的节点,如图 6-88 所示。
(5) 使用椭圆工具绘制椭圆,设置轮廓,并调整角度,效果如图 6-89 所示。将形状转化为位图,做模糊处理,并调整透明度,做出尾管的效果,如图 6-90 所示。
(6) 复制新绘制并处理好的椭圆形,粘贴后,调整其位置和角度,如图 6-91 所示,完成排气管的表现。最后,做出排气管与保险杠的衔接部位效果,如图 6-92 所示。

图 6-85 细化处理效果

图 6-86 绘制排气管形状并做渐变填充

图 6-87 复制、粘贴

图 6-88 调整节点

图 6-89 绘制并调整椭圆

图 6-90 制作尾管效果

图 6-91 制作排气管的表现

图 6-92 排气管与保险杠的衔接部位效果

(7) 完成汽车尾部表现之后的整体效果如图 6-93 所示。

图 6-93 完成汽车尾部表现后的整体效果

6.2.9 绘制车灯效果

汽车车灯包括前灯、尾灯和侧灯 3 个部分。

(1) 绘制尾灯。跑车的尾灯效果造型比较简单,色彩也较为单一,表现比较容易。首先使用基本绘图工具绘制并调整尾部的基本造型,设置轮廓为浅灰色,并用深灰色填充,效果如图 6-94 所示。然后,将对象转换为位图,做模糊处理,效果如图 6-95 所示。

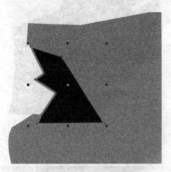

图 6-94 绘制基本造型并填充深灰色

图 6-95 模糊处理

(2) 继续绘制车灯轮廓的基本形状,并添加灰色,效果如图 6-96 所示。绘制如图 6-97 所示的基本形状,填充深灰色,表现车灯内部的效果。

图 6-96 绘制形状并添加颜色

图 6-97 绘制形状并填充颜色

(3) 将第(2)步绘制的两个对象同时选中,并转化为位图,然后做高斯式模糊。参数及效果如图 6-98 所示。继续表现车尾部的车身转折效果,绘制出基本形状,设置轮廓为白色,然后制定合适的粗细值,做渐变填充,效果如图 6-99 所示。

(4) 将第(3)步绘制的图形转化为位图,并做高斯式模糊,然后使用透明度工具做透明度调整,效果如图 6-100 所示。观察尾部转折部位,现在的效果看上去有些平,使用高光表现方法,绘制基本形状并填充白色,将其转化为位图后做高斯式模糊。使用透明度工具调整透明度,产生高光效果,如图 6-101 所示。

第 6 章　CorelDRAW X6 产品设计表现实例——法拉利跑车

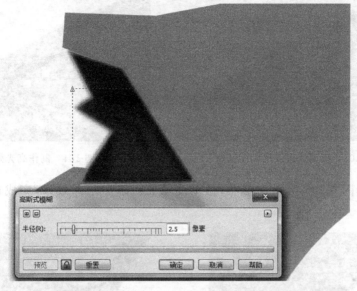

图 6-98　模糊处理

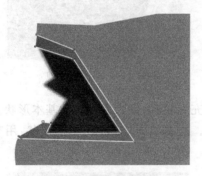

图 6-99　制作转折效果

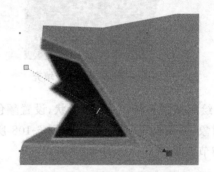

图 6-100　模糊处理及调整透明度

（5）表现前车灯。绘制如图 6-102 所示的形状，做渐变填充，并设置轮廓为白色。使用"排列"→"将轮廓转换为对象"命令轮廓（注意：转换后，轮廓成为独立对象。这是进行后续独立调整的基础）转化为位图并做模糊处理。调整透明度，效果如图 6-103 所示。

图 6-101　制作高光效果

图 6-102　绘制形状并做渐变填充

（6）如图 6-104 所示，做出前灯的细部边缘轮廓高光。

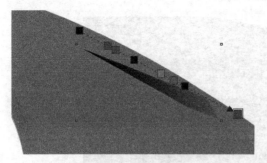
图6-103 模糊处理及透明度调整
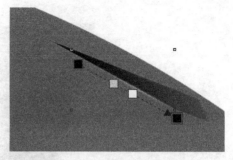
图6-104 制作高光效果

(7) 绘制如图6-105所示的形状,做渐变填充。添加暗部效果,完成前侧灯表现,如图6-106所示。

图6-105 绘制图形并做渐变填充

图6-106 前侧灯表现

(8) 绘制如图6-107所示的形状,设置颜色填充和轮廓,作为后侧灯的基本形状。将轮廓转化为对象,并调整透明度,效果如图6-108所示。绘制如图6-109所示的形状,用来表现侧灯内部细节效果。

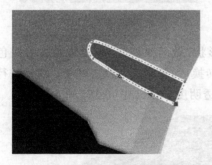
图6-107 绘制形状并设置颜色填充和轮廓

图6-108 透明度调整

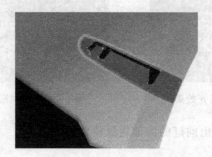
图6-109 绘制形状

（9）将新绘制的形状转换为位图，并做高斯式模糊，完成侧灯的制作，效果如图 6-110 所示。

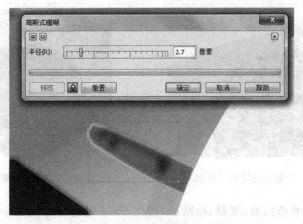

图 6-110　制作侧灯效果

（10）目前完成的车身效果如图 6-111 所示。

图 6-111　目前完成的车身效果

6.3　绘制跑车车轮

完成车身的基本效果后，接下来绘制车轮部分。因为本例绘制跑车的侧面效果，轮胎也是正交视图，因此表现相对容易，难点在于轮毂的体感表现。

（1）为了对象控制更加方便，如图 6-112 所示，在对象管理器中新建"轮胎"图层，将要绘制的轮胎内容放置其上。使用基本绘图工具（先绘制椭圆，将其转化为曲线后，调整节点）绘制车底盘的黑色区域，如图 6-113 所示。

图 6-112　新建图层

图 6-113　绘制车底盘的黑色区域

(2)采用同样的方法,绘制车前轮部位的黑色区域,如图6-114所示。绘制车后轮的基本轮廓,如图6-115所示。

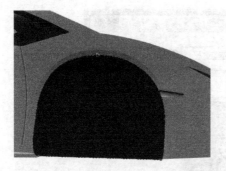
图6-114 绘制车前轮的黑色区域

图6-115 绘制车后轮的基本轮廓

(3)选中新绘制的椭圆形,复制、粘贴后,按住Shift键进行等比缩小(小贴士:按住Shift键,可以绕图形中心缩放。为了便于观察,将填充色改为白色),如图6-116所示。如图6-117所示,对图形做线性渐变,作为后轮轮毂的主体。

图6-116 等比缩小

图6-117 线性渐变

(4)继续对轮毂图形复制、粘贴,并编辑渐变色彩,作为轮毂的内圈。色彩设置及效果如图6-118所示。再次复制、粘贴,并调整颜色,做出轮胎镂空部分可以看到的内部色彩,如图6-119所示。

图6-118 制作轮毂内圈效果

图6-119 制作轮胎镂空部分的色彩

(5)继续复制、粘贴,编辑颜色,做出车轮的刹车盘,效果如图6-120所示。将图形转换为位图,并做高斯式模糊,如图6-121所示。

(6)绘制如图6-122所示的形状,并填充灰色,作为车轮刹车片部件主体。对新绘制的图形复制、粘贴,然后使用形状工具调整其形状,并改变颜色,效果如图 6-123 所示。

图 6-120　制作刹车盘效果

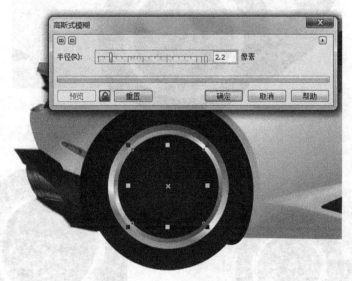

图 6-121　模糊处理

图 6-122　绘制形状并填充颜色

图 6-123　调整形状及颜色

(7) 将作为刹车片组件的两个图形同时选中,并转化为位图,再使用"高斯式模糊"命令做模糊处理。参数和效果如图 6-124 所示。选中图中的黑色圆形,复制、粘贴,做出车轴部位的效果。当前的车轮整体效果如图 6-125 所示。

(8) 制作轮辋效果。绘制一条轮辋的基本形状,如图 6-126 所示。使用"排列"→"变化"命令打开"变换"泊坞窗,单击 缩放和镜像按钮及 水平镜像按钮,设置"副本"值为"1"(复制1个新对象),然后单击"应用"按钮。完成后,调整位置。泊坞窗中的参数设置和效果如图 6-127 所示。

图 6-124 模糊处理

图 6-125 当前的车轮整体效果

图 6-126 绘制形状

(9)将对称的两条轮辋同时选中,然后单击"变换"泊坞窗中的 ○ 旋转按钮,通过调整中心的 X、Y 坐标值改变旋转中心位置。设置"副本"值为"5",旋转复制出全部轮辋效果。参数设置如图 6-128 所示,完成后的车轮效果如图 6-129 所示。

(10)观察临摹的原图可知,照片中车轮的质感较为复杂,以上步骤完成了车轮的基本效果,接下来做车轮质感的表现,主要的技巧和方法是前面多次使用的基本形状转化为位图,做高斯式模糊处理,然后调整透明度。如图 6-130 所示,绘制短线,设置轮廓为黑色,粗细为 0.5mm,将其转化为位图,并做高斯式模糊处理,效果如图 6-131 所示

(11)绘制如图 6-132 所示白色短线,将其转化为位图后,做高斯式模糊处理,然后调整透明度,效果如图 6-133 所示,完成第一条轮辋的质感表现。

(12)重复前两步的方法,完成后轮轮辋的质感表现,效果如图 6-134 所示。

(13)继续刻画轮毂的细节。绘制如图 6-135 所示的椭圆,设置轮廓色和粗细,然后复制并放大一个新的椭圆,并将轮廓变粗,如图 6-136 所示。

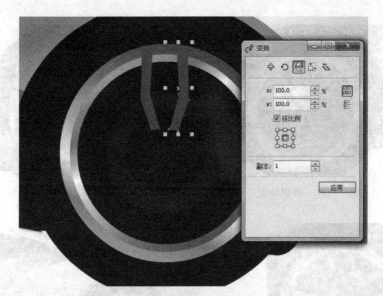

图 6-127　参数设置及效果

图 6-128　参数设置

图 6-129　车轮的基本效果

图 6-130　绘制短线

图 6-131　模糊处理

图 6-132　绘制短线

图 6-133　模糊处理并调整透明度

图 6-134　后轮轮辋的质感表现

图 6-135　绘制椭圆

图 6-136　将轮廓加粗

(14) 使用"排列"→"将轮廓转换为对象"命令，将新绘制的椭圆转换为对象，设置如图 6-137 所示的辐射渐变效果，然后将其转换为位图，做模糊处理。做透明度调整，结果如图 6-138 所示(注意：为了使效果看上去自然，通过对象管理器，将当前对象移到轮辋之下)。

图 6-137　辐射渐变处理

图 6-138　模糊处理并调整透明度

(15) 选中上一个椭圆,然后使用"位图"→"转换为位图"命令将其转换为位图,做高斯式模糊处理。参数及效果如图 6-139 所示。

图 6-139　模糊处理

(16) 添加轮胎车轴部分的细节,如图 6-140 所示,做出基本的螺栓及周围的凹凸高光效果。加载法拉利车标,添加到车轴部分,效果如图 6-141 所示。

图 6-140　添加细节　　　　　　　　图 6-141　添加车标

(17) 对轮胎做适当的细节调整,然后在对象管理器中选中"轮胎"图层的全部轮胎构成对象,按 Ctrl+C 组合键和 Ctrl+V 组合键复制、粘贴,再把复制的后轮移动到前轮位置,效果如图 6-142 所示。

图 6-142　对轮胎做细节调整

6.4　跑车整体效果细化

跑车的整体效果制作完毕,最后做细节的完善和细化处理,比如前车窗、分缝线和局部的明暗关系表现。

(1) 绘制前窗效果,比较简单,容易表现。在对象管理器中新建"前窗"图层,绘制如图 6-143 所示的基本形状,并填充渐变颜色。添加基本形状,完善车前窗质感,效果如图 6-144 所示。

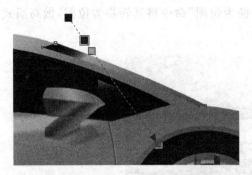 

图 6-143 绘制形状并填充颜色　　　　　图 6-144 完善前窗质感

(2) 制作后端的分缝线。绘制如图 6-145 所示的短线,将其转化为位图后,做高斯式模糊处理,效果如图 6-146 所示。

 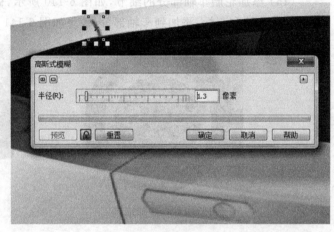

图 6-145 绘制短线　　　　　图 6-146 模糊处理

(3) 做尾翼部分的明暗处理。绘制基本形状,并填充黑色,效果如图 6-147 所示。把形状转换为位图,做高斯式模糊处理(注意:可以根据经验设定模糊值。在"高斯式模糊"对话框中,单击 预览锁定按钮可以实时观察模糊效果),效果如图 6-148 所示。

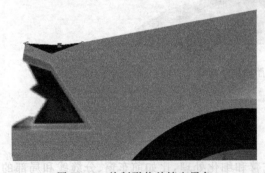 

图 6-147 绘制形状并填充黑色　　　　　图 6-148 模糊处理

(4) 继续制作明暗表现。绘制如图 6-149 所示的黑色基本形状,并将其转化为位图,做高斯式模糊处理,再使用透明度工具,选择辐射渐变(将不透明度效果控制在极低的范围),做出如图 6-150 所示的效果。

图 6-149　绘制形状

图 6-150　模糊处理并做辐射渐变

（5）继续绘制如图 6-151 所示的形状，将其转化为位图，并做高斯式模糊处理，最后编辑出用辐射渐变控制透明度的高光效果，如图 6-152 所示。

图 6-151　绘制形状

图 6-152　编辑高光效果

（6）继续做车头部位的明暗处理。绘制如图 6-153 所示的曲线，轮廓为黑色。将曲线转换为位图，做高斯式模糊处理，如图 6-154 所示。然后，选择 透明度工具，编辑透明度如图 6-155 所示。

图 6-153　绘制曲线

（7）表现引擎盖部位的高光效果。绘制如图 6-156 所示的形状，填充为白色。转化为位图后，做高斯式模糊处理。调整透明度后，最终效果如图 6-157 所示。然后制作引擎盖下部的明暗分界线，如图 6-158 所示。

（8）做前保险杠部位的明暗变化。绘制基本形状，并做渐变填充，效果如图 6-159 所示。将其转化为位图，做高斯式模糊处理（小贴士：在 CorelDRAW 产品设计表现中，反复使用高斯式模糊，是为了使被处理对象的边缘能够与其下面的色彩有机融合，不至于显得过于突兀）。

图 6-154 模糊处理

图 6-155 编辑透明度

图 6-156 绘制形状

图 6-157 高斯式模糊处理并调整透明度

图 6-158 制作明暗分界线

然后调整透明度,最终效果如图 6-160 所示。

(9) 做保险杠下端的转折效果。绘制基本形状,并填充白色,如图 6-161 所示。直接使用透明度工具做渐变调整(注意:为了表现硬朗、清晰的界限,不做模糊处理),效果如图 6-162 所示。

(10) 做车门下部进气道造型部分的内凹质感。绘制基本形状,并填充黑色,如图 6-163 所示。直接使用渐变工具做透明度调整,效果如图 6-164 所示。

第 6 章　CorelDRAW X6 产品设计表现实例一——法拉利跑车

图 6-159　绘制形状并做渐变填充

图 6-160　模糊处理并调整透明度

图 6-161　绘制形状并填充白色

图 6-162　渐变调整

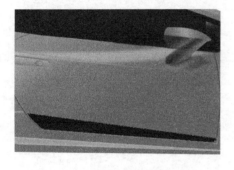

图 6-163　绘制形状并填充黑色

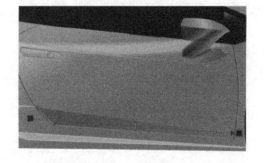

图 6-164　透明度调整

（11）对比原图，做出翼子板部位的弧形凸起质感。绘制基本形状，并做线性渐变填充，效果如图 6-165 所示。将对象转化为位图，做高斯式模糊处理，然后做辐射状透明度调整，效果如图 6-166 所示。

图 6-165　绘制形状并做填充

图 6-166　透明度调整

(12) 对完成的效果图进行检视调整，最终效果如图 6-167 所示。

图 6-167　跑车最终效果图

(13) 添加背景，使效果更加生动，如图 6-168 所示。

图 6-168　最后完成的法拉利跑车效果图

Chapter 7 第7章 CorelDRAW X6 产品设计表现实例二——单电相机

在第6章的跑车效果制作中,主要运用 CorelDRAW 的基本工具,介绍了产品表现的基本技巧,跑车形体和质感表现都较为简单,与 Photoshop 的设计表现思路区别不大。在本章的 CorelDRAW 相机表现中,软件的表现方法与 Photoshop 有较大区别,尤其是在质感的表现方面,可以发现 CorelDRAW 与 Photoshop 的区别。通过练习,掌握 CorelDRAW 作为矢量软件在质感表现方面的技巧。

7.1 CorelDRAW 相机表现分析

在相机形体表现方面,CorelDRAW 与 Photoshop 都是使用钢笔工具绘制基本形状,除了路径调整使用的工具有差别之外,形状的编辑思路基本相同。

在质感表现方面,本章主要使用 CorelDRAW 的各种交互式填充方式及调和、投影、网格填充等工具来实现。尤其是 CorelDRAW 的网格填充工具,为质感表现带来了极大方便。

本章的设计表现临摹了如图 7-1 所示的 SONY α99 数码单电相机。绘制之前,应分析目标对象的结构和层次,明确绘制表现的步骤和基本思路。在具体的表现思路上,可以像第 4 章介绍的玛莎拉蒂汽车表现那样,先制作整体效果,再逐步完善细部刻画;也可以分部位表现,完成一个单元后,再表现下一个单元。具体采用何种方法,取决于个人习惯和产品的构造特征。在本章的相机表现中,采用分单元表现方法。

(313KB)

图 7-1 SONY α99 单电相机照片

7.2 绘制相机机身

首先,绘制相机机身的整体效果。

(1) 建立新的"Sony 相机"空白文件,参数如图 7-2 所示。

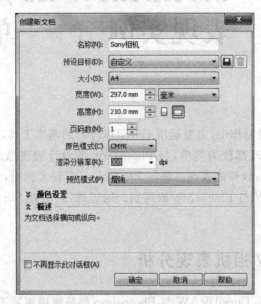

图 7-2　新建文档

(2) 绘制相机机身形状之前,先确定机身的表现方法,即使用多个形状来控制机身的质感,分别填充色彩,表现转折的明暗关系;也可以使用第 5.5.1 节介绍的绘制香蕉的表现方法,采用网格填充(其特点是路径简单,更容易把握整体之感),但是要注意控制网格的走向。为了更真实地表现相机质感,本节采用基本形状与网格填充相结合的方式来完成相机机身的表现。

为了便于选择和控制图形,可以像在 Photoshop 中一样,建立多个图层。首先,如图 7-3 所示,在"对象管理器"泊坞窗中单击 新建图层按钮,建立"机身"图层。在其下选择工具栏 矩形工具,绘制矩形形状,如图 7-4 所示。单击属性栏 转换为曲线按钮,将矩形形状转换为可编辑的曲线,然后使用 形状工具,通过使用属性栏的加减节点和调节节点属性等工具(关于节点编辑技巧,请参考 5.4.1 节形状编辑部分的内容),调整出如图 7-5 所示的机身基本形状。

图 7-3　建立"机身"图层

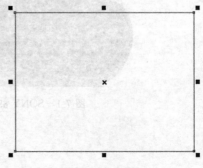

图 7-4　绘制矩形

第 7 章　CorelDRAW X6 产品设计表现实例二——单电相机

(3) 对相机机身形状选择"无轮廓",并使用深灰色填充基本形状,效果如图 7-6 所示。

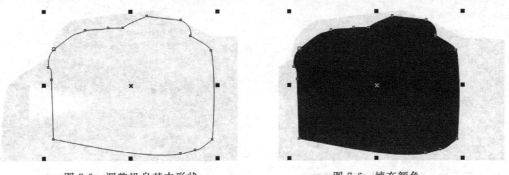

图 7-5　调整机身基本形状　　　　　　　图 7-6　填充颜色

(4) 表现相机的细节明暗效果,绘制闪光灯靴座部位效果。绘制如图 7-7 所示的矩形形状,并填充与机身相同的深灰色(在绘图过程中,为了看清楚图形的轮廓,使用"视图"→"线框"命令,只显示线框的效果,再使用"增强"命令转换回正常效果)。对矩形使用 网格填充,并添加网格,效果如图 7-8 所示。使用 形状工具调整网格节点(注意:主要通过节点的手柄来改变网格线的曲率),使网格填充效果如图 7-9 所示。

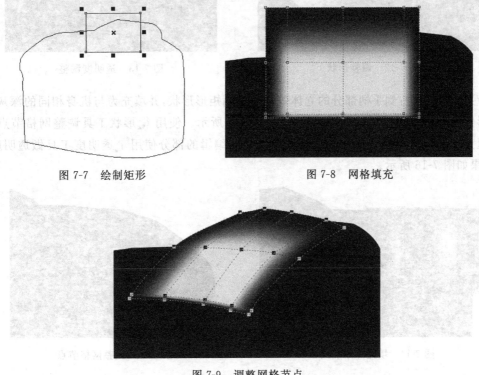

图 7-7　绘制矩形　　　　　　　图 7-8　网格填充

图 7-9　调整网格节点

(5) 选择 透明度工具,对闪光灯底座部位的明暗做透明度调整。渐变设置及透明度效果如图 7-10 所示。

(6) 表现相机机身左侧的厚度。首先绘制矩形,使用 网格填充工具调整网格线的形状,并填充颜色,如图 7-11 所示。调整矩形形状,如图 7-12 所示。使用 透明度工具,对刚绘制的表现厚度的高光部分做透明度调整。渐变设置及透明度效果如图 7-13 所示。

图 7-10　渐变设置及透明度调整

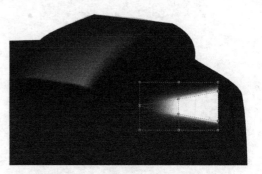
图 7-11　绘制矩形并填充颜色

图 7-12　调整形状

图 7-13　透明度调整

（7）表现相机右侧手柄部分的立体效果。绘制矩形形状，并填充为与机身相同的深灰色。对矩形使用网格填充，并添加网格，效果如图 7-14 所示。使用形状工具调整网格节点，使网格填充效果如图 7-15 所示。对完成网格填充和编辑的部分使用透明度工具做透明度调整，效果如图 7-16 所示。

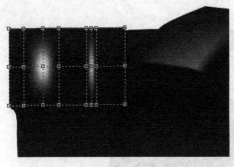
图 7-14　填充并添加网格

图 7-15　调整网格节点

（8）绘制相机手柄上端的旋钮区域。首先绘制矩形形状，并填充灰色作为基本色；然后使用网格填充工具，添加网格并调整网格颜色，效果如图 7-17 所示。对填充网格编辑节点，效果如图 7-18 为止（注意：网格填充一般以矩形形状作为基本形状，然后根据具体要求，通过节点编辑得到最终的效果，基本技巧可参看第 5.5.1 节的香蕉绘制部分）。使用透明度工具做透明度调整，效果如图 7-19 所示。

第 7 章　CorelDRAW X6 产品设计表现实例二——单电相机

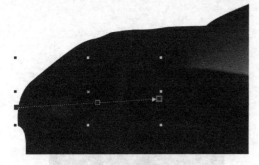

图 7-16　透明度调整

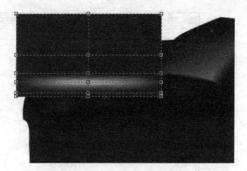

图 7-17　添加网格并调整颜色

图 7-18　编辑网格节点

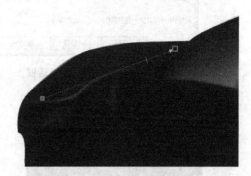

图 7-19　透明度调整

（9）当前得到的机身效果如图 7-20 所示，接下来分出机身的上、下两部分。首先使用 选择工具选择机身形状，然后按 Ctrl+C 组合键（复制选择对象）和 Ctrl+V 组合键（粘贴选择对象）复制、粘贴，效果如图 7-21 所示。选择 填充工具中的 图样填充，对话框如图 7-22 所示。选择"位图"填充方式，单击"浏览"按钮，并选择本书配套素材中的皮质图案文件，对复制的机身形状进行图案填充，效果如图 7-23 所示。

图 7-20　当前的机身效果

图 7-21　复制、粘贴

（10）使用 形状工具编辑皮质形状的节点，如图 7-24 所示。使用透明度工具编辑皮质效果，如图 7-25 所示。

（11）继续表现左侧面效果。使用矩形工具绘制基本形状，并填充基本色，然后使用网格填充，效果如图 7-26 所示。选择 透明度工具，然后设置属性栏选项。选择透明度控制的渐变方式为 辐射 ，调整渐变色彩，效果如图 7-27 所示。

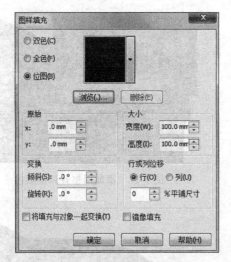

图 7-22 "图样填充"对话框   图 7-23 图案填充

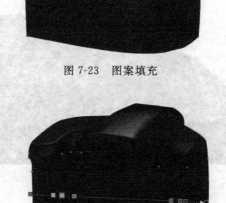

图 7-24 编辑节点   图 7-25 编辑皮质效果

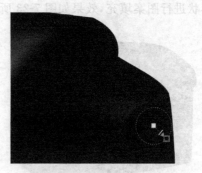

图 7-26 调整网格效果   图 7-27 调整渐变色彩

（12）绘制左侧数据接口部位的效果。首先使用矩形工具绘制基本形状，并填充基本色，然后对矩形使用网格填充工具，调整网格效果，并对最外一圈网格做黑色填充，得到如图 7-28 所示的基本效果。对照 Sony α99 相机图片，在数据接口部位做出清晰的缝隙效果，需要细致地调节填充网格的节点手柄，如图 7-29 所示。对节点手柄朝外侧缩短调整，相邻节点手柄也相向调整，得到外侧清晰的黑色轮廓缝隙效果。依次对相关节点进行调整，得到如图 7-30 和图 7-31 所示效果。

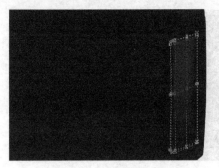
图 7-28　调整并填充网格

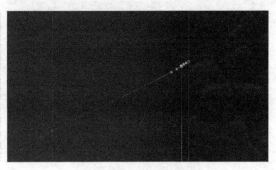
图 7-29　调节节点手柄

图 7-30　调整节点

图 7-31　黑色轮廓缝隙效果

（13）继续调整网格填充，刻画细节，制作数据线接口两部分的缝隙效果。网格编辑如图 7-32 所示，完成后的效果如图 7-33 所示。

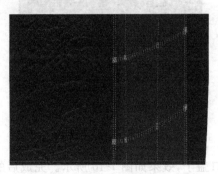
图 7-32　网格编辑

图 7-33　缝隙效果

（14）使用矩形工具绘制数据线盖子部分的基本形状并使用 形状工具调整。单色填充后的效果如图 7-34 所示。

（15）继续做明暗刻画。使用基本的矩形形状工具绘制矩形，将其转化为曲线后，使用形状工具调整并填充黑色，做出凹槽效果如图 7-35 所示。绘制凸起的边缘，然后使用"视图"→"线框"命令观察绘制的凸起边缘形状，如图 7-36 所示。填充与数据线盖子部分相同的颜色，然后绘制高光部分的形状，并填充较亮的颜色，如图 7-37 所示。选择 调和工具，对刚绘制的两部分做调和处理，效果如图 7-38 所示。最后对凸起的部分使用透明度工具，调整效果如图 7-39 所示。

图 7-34 绘制并调整形状后单色填充

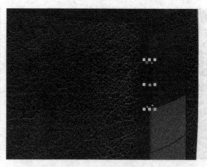
图 7-35 制作凹槽效果

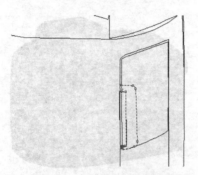
图 7-36 绘制凸起的边缘

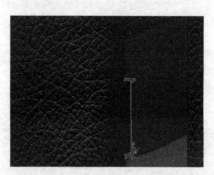
图 7-37 制作高光效果

图 7-38 调和处理

图 7-39 透明度调整

(16) 使用同样的方法,做出下侧数据线接口盖子,效果如图 7-40 所示。完成后的整体效果如图 7-41 所示。

图 7-40 下侧数据线接口盖子

图 7-41 整体效果

7.3 绘制镜头效果

完成机身大体效果之后,绘制镜头。

(1) 为了便于控制和修改形状,首先单击"对象管理器"泊坞窗底部的 新建图层按钮,建立"镜头"图层,如图 7-42 所示。

(2) 绘制镜头的基本形状。选择工具栏中的 贝塞尔工具,绘制如图 7-43 所示的基本形状。然后,使用 形状工具,通过节点编辑,得到镜头的基本形状,如图 7-44 所示。设定镜头基本形状为无轮廓,并使用渐变填充对其填充,效果如图 7-45 所示。

图 7-42 新建图层

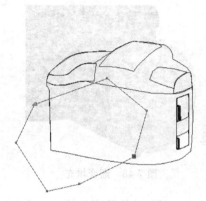

图 7-43 绘制形状

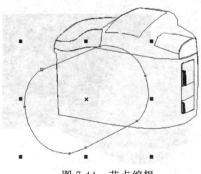

图 7-44 节点编辑

图 7-45 渐变填充

(3) 表现镜头光圈的基本效果。观察照片发现,镜头内的光圈由一圈一圈的圆环组成,表现方法基本相同,但是要从外到内依次表现,不断重复类似操作,较为枯燥,需要耐心和经验。首先,如图 7-46 所示,使用 椭圆形工具绘制基本形状;然后,单击属性栏 转换为曲线按钮,将矩形形状转换为可编辑的曲线;再使用 形状工具,选择属性栏中加减节点和调节节点属性等工具,调整出如图 7-47 所示的形状。

(4) 对绘制出的镜头形状做渐变填充,并设置轮廓为 0.5mm,颜色比镜头颜色略深,使其产生厚度感,效果如图 7-48 所示。刻画细节,使用 贝塞尔工具和 形状工具绘制并调整出如图 7-49 所示的线条,其轮廓值设定为 0.5mm。

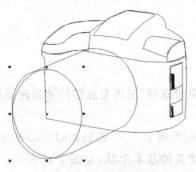
图 7-46　绘制形状

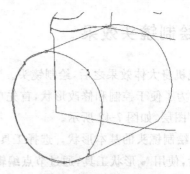
图 7-47　调整节点

图 7-48　渐变填充

图 7-49　刻画细节

(5) 使用"排列"→"将轮廓转换为对象"命令,将线条转换为封闭区域,制作如图 7-50 所示的渐变。使用透明度工具,进行透明度调整,效果如图 7-51 所示。

图 7-50　渐变调整

图 7-51　透明度调整

(6) 绘制椭圆,将其转换为曲线,并使用形状工具进行调整,颜色填充为黑色,如图 7-52 所示。按 Ctrl+C 组合键和 Ctrl+V 组合键对当前形状复制、粘贴并调整,然后渐变填充,效果如图 7-53 所示。

(7) 绘制并调整出如图 7-54 所示的椭圆,然后在"对象管理器"泊坞窗中按住 Ctrl 键,将当前椭圆和其下面的曲线同时选中,如图 7-55 所示,使用"排列"→"合并"命令将两者合并,效果如图 7-56 所示。

(8) 使用椭圆工具绘制基本形状,然后单击属性栏 ◎ 按钮将基本形状转换为曲线。通过节点调整后,填充单色,效果如图 7-57 所示。

第 7 章 CorelDRAW X6 产品设计表现实例二——单电相机 263

图 7-52 绘制椭圆并填充黑色

图 7-53 复制、粘贴、调整形状并填色

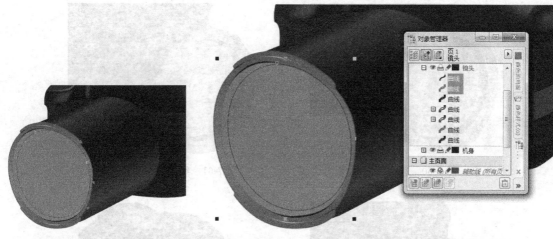

图 7-54 绘制并调整椭圆   图 7-55 同时选中椭圆和曲线

图 7-56 合并效果

图 7-57 节点调整并填充单色

（9）绘制出两个椭圆形状，设置轮廓（注意：只设定轮廓，不进行色彩填充，即无填充），效果如图 7-58 所示。使用调和工具，对两个椭圆图形做调和处理，设定属性栏中步数值为 4，效果如图 7-59 所示。

（10）对调和对象使用透明度工具，做透明度编辑，效果如图 7-60 所示。

（11）绘制椭圆形状，并做颜色填充，效果如图 7-61 所示。绘制椭圆形状并填充黑色，效果如图 7-62 所示。重复上述操作，做出镜头内部的明暗效果。完成后的基本效果如图 7-63 所示。

图 7-58 绘制形状并设置轮廓

图 7-59 调和处理

图 7-60 透明度编辑

图 7-61 绘制椭圆并填充颜色

图 7-62 绘制椭圆并填充黑色

图 7-63 完成的基本效果

(12) 完成相机镜头镜片组的制作后,继续细节表现。绘制如图 7-64 所示曲线,设置轮廓值为 1.5mm,然后使用"排列"→"将轮廓转换为对象"命令进行转换,再使用形状工具调整节点,效果如图 7-65 所示。

图 7-64 绘制曲线

图 7-65 调整节点

(13) 使用"位图"→"转换为位图"命令,将图形转化为位图,然后使用"位图"→"模糊"→"高斯式模糊"命令做模糊处理。参数及效果如图 7-66 所示。

图 7-66 模糊处理

(14) 重复第(13)步的方法,绘制上侧的暗部,效果如图 7-67 所示。然后,分别对上、下两条圆弧阴影使用透明度工具,做透明度调整,效果如图 7-68 所示。

图 7-67 绘制上侧的暗部　　　　　　　图 7-68 透明度调整

(15) 采用同样的方法,绘制曲线,设置白色轮廓,并将其转换为对象,再通过高斯式模糊处理做出镜头内的高光,效果如图 7-69 所示。

(16) 表现镜头内的高光。绘制如图 7-70 所示的基本图形,然后,按住 Shift 键将新绘制

图 7-69 高斯式模糊处理　　　　　　　图 7-70 绘制基本图形

的3个图形同时选中。使用"位图"→"转换为位图"命令,将图形转化为位图,再使用"位图"→"模糊"→"高斯式模糊"命令做模糊处理,效果如图7-72所示。

图 7-71 转换为位图

图 7-72 模糊处理

(17) 使用"位图"→"转换为位图"命令将形状转换为位图,然后进行高斯式模糊处理,再使用透明度工具,在属性栏中选择"辐射"方式,进行透明度编辑,效果如图7-73所示。运用同样的方法,表现出前端浅绿色镜片的效果,如图7-74所示。

图 7-73 透明度编辑

图 7-74 前端浅绿色镜片效果

(18) 刻画镜头前端细节。绘制如图7-75所示形状,然后使用透明度工具做如图7-76所示的调整。同样地,做出如图7-77所示的色彩变化。到目前为止,完成了镜头前端的基本效果表现,如图7-78所示。

图 7-75 绘制形状

图 7-76 透明度调整

(19) 绘制镜头上的防滑花纹。如图7-79所示,绘制短直线,设定轮廓值为1mm,颜色为浅灰色。复制并修改颜色为黑色,调整两条短线的位置关系,然后使用"排列"→"群组"命令将两个对象成组。复制、合并对象,并调整位置,如图7-80所示。

图 7-77 色彩变化

图 7-78 镜头前端的基本效果

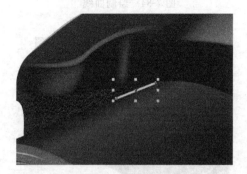
图 7-79 绘制短直线

图 7-80 复制、合并对象并调整位置

(20) 绘制如图 7-81 所示的曲线。使用调和工具对两个群组对象做调和效果。设定属性栏步数值为 101，并单击属性栏中路径属性选项，选择新路径。拾取新绘制的弧线作为调和路径，然后将调和路径的轮廓改为"无轮廓"，得到镜头后端变焦调节防滑花纹效果，如图 7-82 所示。

图 7-81 绘制曲线

图 7-82 制作防滑花纹效果

(21) 选中新生成的调和对象，然后按 Ctrl+C 组合键和 Ctrl+V 组合键复制、粘贴，并调整到镜头前端。选中调和控制曲线，编辑调和效果，得到镜头前端对焦环防滑花纹，效果如图 7-83 所示。

(22) 表现变焦环和对焦环细节。首先绘制如图 7-84 所示的曲线，设置轮廓值为 0.5mm，然后使用"排列"→"转换轮廓为对象"命令将轮廓转换为对象，并进行渐变填充。渐变色彩及效果如图 7-85 所示。

(23) 使用"位图"→"转换为位图"命令将图形转化为位图，然后使用"位图"→"模糊"→

"高斯式模糊"命令做模糊处理,得到较为自然的体感效果,如图7-86所示。

图7-83 防滑花纹效果

图7-84 绘制曲线

图7-85 渐变填充

图7-86 模糊处理

(24)采用同样的方法,处理镜头上变焦环和对焦环与机身的衔接细节,效果如图7-87所示。对滤光镜接口部分也做相同的细节表现,完成镜头主体的基本效果,如图7-88所示。

图7-87 处理衔接细节

图7-88 镜头主体效果

7.4 机身细节表现

完成相机主体制作后,逐步完善相机的各个零件和细节。首先在相机机身的基础上,制作镜头底座以及机身部分的按钮、旋钮等零件。

7.4.1 制作镜头底座

(1)绘制镜头底座。CorelDRAW的表现方法与Photoshop有很大区别,尤其是在质感表现方面,对于细腻的色彩变化,更多地用到网格填充或调和工具。这里使用调和工具来表现镜头底座的体感。首先单击"对象管理器"泊坞窗中"镜头"图层上的 图标,关闭镜头部分的显示,并如图 7-89 所示,在对象管理器中新建"镜头底座"图层。

图 7-89　新建图层

(2) 在新建的图层上,使用矩形工具新建如图 7-90 所示的矩形,设定轮廓为 1mm,并填充基本颜色。

(3) 对新绘制的矩形应用 网格填充工具,添加控制网格线,调整网格线的位置,并如图 7-91 所示,在相应位置上添加浅色(小技巧:当把颜色添加在区域内时,色彩会控制一个矩形的区域并向四周扩散;把颜色添加在节点上时,色彩会以节点为中心向四周散开。此处把颜色添加在相应的水平和垂直节点上,产生柔和的高光边缘效果)。

图 7-90　新建矩形并填充颜色　　　　图 7-91　添加并调整网格线

(4) 编辑网格形状,调出镜头底座的基本外形,如图 7-92 所示(注意:网格形状的编辑较为烦琐,需要耐心,主要通过调整节点的手柄获得所需的形状,特别是网格工具属性栏中 转换为直线、 转换为曲线、 尖突节点、 平滑节点、 对称节点工具的使用)。

(5) 调整好形状后,做颜色的细致编辑,如图 7-93 所示。完成后的镜头底座效果如图 7-94 所示。

(6) 制作镜头和镜头底座之间的连接环。使用基本绘图工具绘制如图 7-95 所示的图形并填充颜色。使用 贝塞尔工具绘制两条曲线,分别设定为不同粗细的白色轮廓,再使用透明度工具做透明度调整,效果如图 7-96 所示。

(7) 同时选中红色形状和新绘制的白色曲线,然后使用透明度工具做透明度调整,使镜头连接环和镜头之间衔接自然,效果如图 7-97 所示。

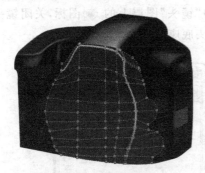

图 7-92　编辑网格形状

图 7-93　颜色编辑

图 7-94　镜头底座效果

图 7-95　绘制图形并填充颜色

图 7-96　透明度调整

图 7-97　透明度调整

（8）绘制镜头部位的锁止按钮。使用基本绘图工具绘制如图 7-98 所示的基本形状,并填充黑色。

（9）绘制如图 7-99 所示曲线,设置轮廓为白色,粗细值为 0.5mm。使用"位图"→"转化为位图"命令将曲线转化为对象,然后使用"位图"→"模糊"→"高斯式模糊"命令做模糊处理,效果如图 7-100 所示。选择透明度工具,做出如图 7-101 所示的透明度效果,表现出轮廓的边缘高光。

（10）绘制按钮形状,做渐变填充,如图 7-102 所示。运用前两步的方法绘制按钮的高光效果,如图 7-103 所示。在制作按钮顶部,绘制出基本形状后,填充深色,并用透明度工具进行调整,使其效果更自然。完成后的按钮效果如图 7-104 所示。

图 7-98 绘制形状并填充黑色

图 7-99 绘制曲线

图 7-100 模糊处理

图 7-101 透明度调整

图 7-102 渐变填充

图 7-103 绘制高光效果

图 7-104 完成的按钮效果

7.4.2 制作机身按钮

（1）制作机身前端的旋钮。如图 7-105 所示，在"对象管理器"泊坞窗新建"按钮"图层。

（2）如图 7-106 所示，绘制椭圆形状，并使用单色填充。采用与绘制镜头锁止按钮相同的方法实现机身前端按钮转折部分的明暗效果，如图 7-107 所示。同样地，绘制出旋钮部位的高光转折效果，如图 7-108 所示。

图 7-105　新建图层

图 7-106　绘制椭圆并单色填充

图 7-107　绘制转折部分明暗效果

图 7-108　绘制高光转折效果

（3）如图 7-109 所示，使用贝塞尔工具绘制短线，设置轮廓及色彩，做出旋钮的凸起纹理效果。将绘制的短线全部选中，使用"位图"→"转换为位图"命令进行位图转换，然后使用"位图"→"模糊"→"高斯式模糊"命令做模糊处理，如图 7-110 所示。

图 7-109　绘制凸起纹理效果

图 7-110　模糊处理

（4）选择 透明度工具，对旋钮凸起纹理做透明度处理，效果如图 7-111 所示。接下来绘制旋钮的顶部，使用椭圆工具绘制椭圆，并设置色彩填充，效果如图 7-112 所示。

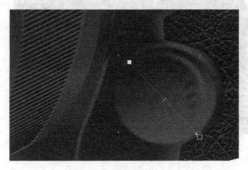
图 7-111　透明度处理

图 7-112　绘制椭圆并填充色彩

（5）在旋钮顶部绘制两个椭圆，分别设置轮廓大小和色彩，如图 7-113 所示。同时选中新绘制的旋钮顶部的 3 个对象（小贴士：在对象管理器中，按住 Shift 键单击对象名称，将很方便地选中多个目标对象），然后使用"位图"→"转换为位图"命令进行位图转换，再使用"位图"→"模糊"→"高斯式模糊"命令做模糊处理，使效果较为自然，还可以运用前面学习的明暗表现基本方法完善细节部分。本部分完成后的效果如图 7-114 所示。

图 7-113　绘制两个椭圆

图 7-114　完成的旋钮效果

（6）绘制手柄顶部前端的 JOG 旋钮。首先绘制凹槽。使用矩形工具绘制基本形状，并调节为如图 7-115 所示图形，然后填充黑色。继续来用相同的方法绘制旋钮主体，并做渐变填充，效果如图 7-116 所示。旋钮的凸起部分使用调和的方法产生立体效果。首先绘制基本的矩形形状（小贴士：采用前面介绍的将轮廓转换为对象的方法，先绘制短线，设置轮廓，再将轮廓转换为对象，并使用形状工具调整节点，得到需要的形状），然后复制得到白色顶部矩形，如图 7-117 所示，再使用 调和工具得到立体效果，如图 7-118 所示。

图 7-115　绘制并调节形状

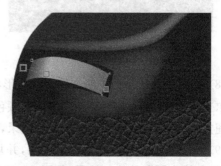
图 7-116　渐变填充

 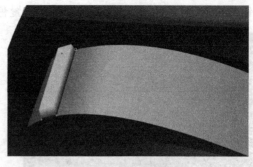

图 7-117　复制形状　　　　　　　　图 7-118　调和处理

（7）复制调和对象,并对调和对象的两个母曲线进行节点编辑(小贴士:对于调和对象的两个母对象曲线节点,允许在调和完成后进行编辑、调整),得到旋钮的基本效果,如图 7-119 所示。在"对象管理器"面板,按住 Shift 键选取构成旋钮的全部对象,如图 7-120 所示。选择透明度工具,如图 7-121 所示,对旋钮做透明度处理,使效果更逼真。经过细致调整后,手柄前端 JOG 旋钮的效果如图 7-122 所示。

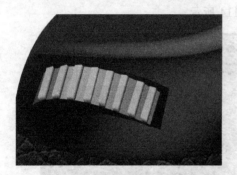 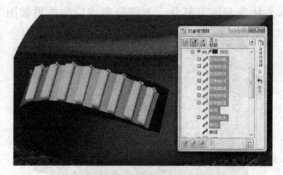

图 7-119　旋钮的基本效果　　　　　　图 7-120　选取对象

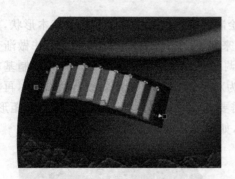 

图 7-121　透明度处理　　　　　　　图 7-122　JOG 旋钮的效果

（8）绘制手柄顶部的按钮。绘制椭圆形状,并做渐变填充,效果如图 7-123 所示。使用贝塞尔工具绘制曲线,并设置轮廓粗细和颜色,如图 7-124 所示。采用转换为位图和高斯式模糊处理方法,制作按钮转折部分的高光效果,如图 7-125 所示。

（9）绘制按钮顶部。首先绘制椭圆,并填充颜色,然后使用转换位图和高斯式模糊的方法,制作出较为圆润的按钮效果,如图 7-126 所示。

图 7-123　绘制椭圆并渐变填充

图 7-124　绘制曲线

图 7-125　制作高光效果

图 7-126　制作圆润的按钮效果

（10）选中构成按钮的全部对象，然后按 Ctrl＋C 组合键和 Ctrl＋V 组合键复制、粘贴，并调整位置，得到顶部并列两个按钮的效果，如图 7-127 所示。

（11）绘制右侧前端两个按钮。首先表现按钮底部的下凹效果。绘制矩形，然后单击属性栏 ○ 按钮，将基本形状转化为曲线，并设置轮廓和线性渐变填充，效果如图 7-128 所示。使用 ◥ 形状工具调整曲线形状，效果如图 7-129 所示。

图 7-127　顶部并列的两个按钮

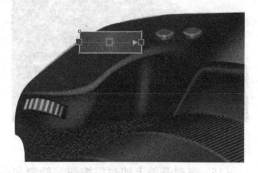

图 7-128　绘制图形并渐变填充

（12）使用"位图"→"转化为位图"命令，将矢量对象转化为像素，然后使用高斯式模糊做模糊处理，再使用透明度工具做透明度处理，效果如图 7-130 所示。

（13）采用第（8）～（10）步的方法制作两个按钮，效果如图 7-131 所示。

（14）制作手柄上部的开关和快门按钮。首先使用椭圆工具绘制椭圆形状，并填充为黑色，再转化为曲线，然后调整得到如图 7-132 所示的形状。继续绘制椭圆，并将其转换为曲线，调整形状并做渐变填充，如图 7-133 所示。

图 7-129 调整曲线形状

图 7-130 模糊处理和透明度处理

图 7-131 制作两个按钮

图 7-132 绘制并调整形状

（15）绘制椭圆形状，将其转化为曲线后，调整形状，再设置轮廓颜色及粗细，如图7-134所示。将椭圆形状转化为位图，做高斯式模糊处理，然后运用透明度工具调整其衔接效果，如图7-135所示。

图 7-133 绘制形状并做渐变填充

图 7-134 绘制椭圆并调整形状

（16）表现开关上的快门按钮。绘制如图7-136所示的椭圆形状，并填充黑色。绘制椭圆形状，并做渐变填充，如图7-137所示。

（17）使用位图模糊的方法，制作出按钮的体感转折高光效果，如图7-138所示。

（18）制作开关和快门部分的最后细节——扳手部分。首先绘制、调整出基本形状，并填充渐变色彩，效果如图7-139所示。利用制作旋钮凹凸部分的调和方法做出扳手效果，如图7-140所示。最后，调整开关和快门部分的细节，整体效果如图7-141所示。

（19）表现手柄顶部数据显示屏的效果。首先使用矩形工具绘制基本形状，并设定轮廓和填充效果，如图7-142所示。将图形转换为位图，做高斯式模糊处理，然后使用透明度工具做自然化处理。最终效果如图 7-143 所示。

图 7-135　模糊处理并调整衔接效果

图 7-136　绘制椭圆并填充黑色

图 7-137　绘制椭圆并渐变填充

图 7-138　制作转折高光效果

图 7-139　绘制基本形状并填充色彩

图 7-140　制作扳手效果

图 7-141　开关和快门的整体效果

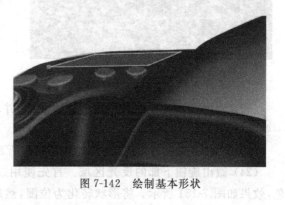

图 7-142　绘制基本形状

图 7-143　模糊处理及自然化处理效果

（20）绘制机身顶部左侧的功能旋钮。首先做旋钮的底部基础效果。绘制椭圆基本形状，做黑色填充，如图 7-144 所示。将形状转化为位图，做高斯式模糊处理，效果如图 7-145 所示。

图 7-144　绘制椭圆并填充黑色

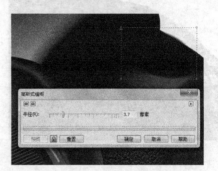

图 7-145　模糊处理

（21）使用椭圆工具绘制椭圆，并将其转化为曲线，然后使用 形状工具调整出旋钮的基本形状。使用渐变填充，设置渐变效果，如图 7-146 所示。采用同样的方法，使用椭圆工具做出旋钮的顶面，然后做渐变填充，效果如图 7-147 所示。

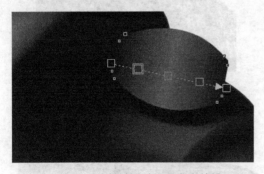

图 7-146　绘制椭圆并设置渐变效果

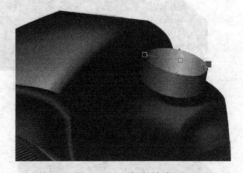

图 7-147　渐变填充

（22）使用椭圆工具做出旋钮中心的轴部，并填充黑色，效果如图 7-148 所示。做出稍小一些的椭圆，并填充颜色，效果如图 7-149 所示。

（23）采用高光制作方法，制作旋钮体感转折部分的高光效果，如图 7-150 所示。

（24）做出旋钮下部的反光区域。首先使用 手绘工具绘制基本高光的形状，并填充白色，效果如图 7-151 所示。将形状转化为位图，然后做高斯式模糊处理，使高光与周围区域融合，再使用透明度工具做透明度处理，效果如图 7-152 所示。

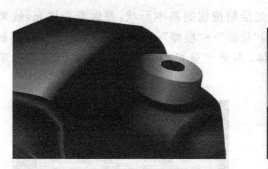
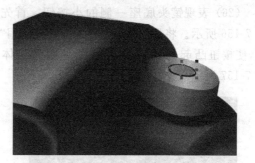

图 7-148　制作旋钮中心的轴部并填充黑色　　　　图 7-149　轴部效果

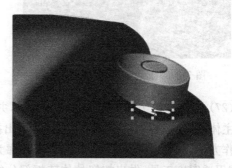

图 7-150　制作转折部分高光效果　　　　图 7-151　绘制形状并填充白色

（25）表现旋钮上的锥形突起。绘制矩形形状，然后使用 网格填充工具做色彩填充，效果如图 7-153 所示。调整凸起形状的大小，然后多次复制，制作如图 7-154 所示旋钮上的防滑凸起颗粒效果。在对象管理器中，按住 Shift 键，将复制的凸起颗粒图形全部选中，添加透明度处理效果。透明度渐变设置如图 7-155 所示，得到较为自然的旋钮效果。

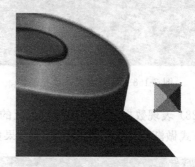

图 7-152　模糊处理及透明度处理　　　　图 7-153　绘制形状并填充色彩

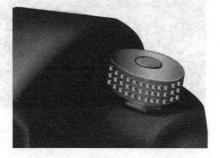

图 7-154　制作凸起颗粒效果　　　　图 7-155　透明度渐变设置

(26) 表现镜头底座一侧的小按钮。首先绘制按钮的基本形状,并做渐变填充,效果如图 7-156 所示。将形状转换为位图,然后使用"位图"→"模糊"→"高斯式模糊"命令做模糊处理,使按钮凸起的基本形状与机身融为一体,不至于显得特别突兀。参数设置及效果如图 7-157 所示。

图 7-156　绘制形状并渐变填充　　　　　　图 7-157　模糊处理

(27) 绘制如图 7-158 所示的椭圆形状,并填充为黑色,作为按钮主体的凹槽部分。绘制按钮主体,并使用辐射渐变方式填充,表现出按钮的柱状顶部效果,如图 7-159 所示。使用高光制作方法,分别绘制 3 条曲线,并设定轮廓为白色,然后转化为位图,做高斯式模糊处理。最后,使用透明度工具,做出按钮柱体转折部分的高光,效果如图 7-160 所示。

图 7-158　绘制形状并填充黑色　　　　　　图 7-159　绘制图形并做辐射渐变填充

(28) 表现数据线接口部位盖子上的椭圆凹陷细节。首先绘制基本的椭圆形状,然后使用辐射方式做渐变填充。渐变色彩及效果如图 7-161 所示。

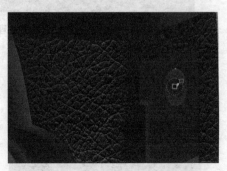

图 7-160　制作转折部分高光　　　　　　图 7-161　绘制形状并渐变填充

(29) 做出凹陷细节周围的高光和阴影的明暗变化，效果如图 7-162 所示。

(30) 制作机身右侧红色的辅助对焦照明灯。首先绘制椭圆形状，并填充红色，效果如图 7-163 所示。

图 7-162　高光及阴影效果

图 7-163　绘制椭圆并填充红色

(31) 使用手绘工具绘制自由形状，用来表现红色辅助对焦灯的色彩质感变化。绘制的形状及色彩如图 7-164 所示。将红色基础形状转化为曲线，并和两个自由曲线同时选中（注意：在 CorelDRAW 中，只有性质相同的对象才能被同时选取。椭圆形作为基本形状，不是曲线，需要单击属性栏上的按钮转化为曲线后，才能和两条自由曲线一起被选取），转化为位图后，做高斯式模糊处理，效果如图 7-165 所示。

图 7-164　绘制的形状及色彩

图 7-165　模糊处理

(32) 制作红色对焦灯体感转折部分的高光和阴影，效果如图 7-166 所示。继续绘制两个椭圆，并填充白色，然后转化为位图，做高斯式模糊处理，效果如图 7-167 所示。

图 7-166　制作高光和阴影

图 7-167　模糊处理

(33) 对红色辅助聚焦灯做细节调整，完成后的整体效果如图 7-168 所示。

图 7-168　红色聚焦灯整体效果

7.4.3　制作顶部闪光灯靴座

完成机身按钮等部件的制作后，本节制作相机机身顶部的闪光灯靴座部分。闪光灯的连接件是不锈钢材质，质感明显，靴座前端还有黑色收音孔，构成机身顶部的主要造型。

(1) 首先表现机身顶部的收音孔部分。绘制收音孔区域的基本形状，如图 7-169 所示（注意：只做轮廓，不做填充）。将轮廓线转化为位图，并做模糊效果，使其看上去与机身顶部融合，如图 7-170 所示。

　　图 7-169　绘制形状　　　　　　　　　　　图 7-170　模糊处理

(2) 制作中间部位的凹陷曲面。绘制基本形状并填充渐变色，效果如图 7-171 所示。将其转化为位图，并做模糊处理，效果如图 7-172 所示。

　图 7-171　绘制形状并填充渐变色　　　　　　图 7-172　模糊处理

(3) 做出凹陷区域的周围高光质感，效果如图 7-173 所示。

（4）制作收音孔。绘制小圆形，并填充黑色。然后复制，绘制出调和使用的路径，如图 7-174 所示。

图 7-173　制作高光质感　　　　　　图 7-174　绘制调和使用的路径

（5）对两个黑色圆形做调和效果，并拾取曲线作为调和路径，效果如图 7-175 所示。采用同样的方法，制作出一侧的所有收音孔，如图 7-176 所示。

图 7-175　制作调和效果　　　　　　图 7-176　制作左侧所有的收音孔

（6）生成右侧的黑色收音孔（小技巧：选中左侧的一组收音孔调和对象，复制、粘贴，然后通过调整步数值和路径形状，得到右侧的一组收音孔，如图 7-177 所示。采用同样的方法，复制完成右侧的全部收音孔，效果如图 7-178 所示）。

图 7-177　右侧收音孔　　　　　　图 7-178　制作右侧所有的收音孔

（7）制作收音孔部分的高光效果。绘制基本形状，并添加白色，如图 7-179 所示。把形状转换为位图，做高斯式模糊处理，然后调整透明度，效果如图 7-180 所示。

（8）表现闪光灯靴座。使用基本绘图工具绘制并编辑基本形状，然后做线性渐变，效果如图 7-181 所示。

图 7-179　绘制形状并添加白色　　　　　图 7-180　模糊处理并调整透明度

（9）绘制闪光灯靴座顶部的基本形状，并做单色填充，效果如图 7-182 所示。做细节表现，分出明暗效果，如图 7-183 所示。当前的整体效果如图 7-184 所示。

图 7-181　绘制并编辑形状　　　　　　　图 7-182　绘制形状并单色填充

图 7-183　制作明暗效果　　　　　　　　图 7-184　当前的整体效果

7.5　镜头细节表现

镜头上的旋钮之类的细节较少，只有 MF/AF（手动对焦/自动对焦）转换旋钮和镜头焦距显示框。

（1）首先制作对焦方式转换旋钮。如图 7-185 所示，在"对象管理器"泊坞窗中新建"镜头配件"图层，然后使用椭圆形工具绘制旋钮基本形状，并做色彩填充，效果如图 7-186 所示。

（2）使用椭圆工具绘制旋钮的顶面（注意：因为有透视效果，所以一般需要在绘制椭圆基本形状后，单击属性栏的按钮，将形状转化为曲线，再使用形状工具做微调，使形状满足

第 7 章　CorelDRAW X6 产品设计表现实例二——单电相机　285

图 7-185　新建图层

图 7-186　绘制形状并填充色彩

透视关系),并填充单色,效果如图 7-187 所示。使用基本曲线轮廓,转化为位图后做模糊处理,表现出转折处的明暗效果,如图 7-188 所示。

图 7-187　绘制旋钮顶面并填充单色

图 7-188　模糊处理

(3) 使用椭圆工具绘制旋钮中心的凹槽,并填充黑色,效果如图 7-189 所示。绘制旋钮中间的转轴,并填充单色,效果如图 7-190 所示。

图 7-189　绘制旋钮中心的凹槽并填充黑色

图 7-190　绘制旋钮中心的转轴并填充单色

(4) 调整旋钮转轴部分的细节。制作转轴体感转折部分的高光效果,如图 7-191 所示。观察发现,旋钮的下半部分透视关系不太准确,主要是光线效果不准确,于是对旋钮左下部颜色重新编辑,使透视关系准确,效果如图 7-192 所示。

(5) 绘制矩形,并将其转换为曲线。调整形状并填充黑色,如图 7-193 所示,作为旋钮扳手部分阴影的基本形。复制黑色矩形,做如图 7-194 所示的渐变填充,作为扳手的柱体。

图 7-191　制作高光效果

图 7-192　调整透视关系

图 7-193　绘制、调整形状并填充黑色

图 7-194　渐变填充

（6）将扳手主体形状转换为曲线，做高斯式模糊处理。参数及效果如图 7-195 所示。同样地，将阴影形状转换为位图，做高斯式模糊处理，并使用透明度工具制作如图 7-196 所示的透明效果。

图 7-195　模糊处理

图 7-196　制作透明效果

（7）表现镜头上的变焦数据显示框。如图 7-197 所示，绘制数据框的基本形状，并填充单色。绘制多条曲线，设定轮廓为白色，用来制作数据显示框的高光边缘。基础效果如图 7-198 所示。

（8）在对象管理器中按住 Shift 键，同时选中用来做高光的多条曲线，然后使用"位图"→"转化为位图"命令将其转化为位图，做高斯式模糊处理，并用透明度工具调整透明度，效果如图 7-199 所示。

（9）进一步完善细节，调整透明度。焦距数据显示框完成后的效果如图 7-200 所示。

图 7-197 绘制形状并填充单色

图 7-198 制作高光边缘

图 7-199 模糊处理及透明度调整

图 7-200 焦距数据显示框效果

7.6 整体装饰细节表现

本节将细化相机整体效果,完成相机机身和镜头部分的装饰细节,主要包括 SONY 相机的 Logo 和文字符号等内容。

7.6.1 机身装饰细节表现

(1) 添加 SONY 的 Logo 图案。使用"文件"→"导入"命令,将"矢量索尼标志"文件导入到当前文件中,如图 7-201 所示。缩放和旋转调整标志大小及角度,使用 阴影工具制作出阴影效果,然后使用"效果"→"添加透视"命令为 Logo 文字做透视变形,效果如图 7-202 所示。

图 7-201 导入文件

图 7-202 制作 LOGO

（2）使用**字**文本工具输入"α"标记，并调整文本的大小和位置，如图7-203所示。制作黑色边框效果，如图7-204所示。

图7-203　输入并调整标记

图7-204　制作黑色边框效果

（3）做出"99"形状（注意：在字库中不太容易找到这种字体，可以使用基本形状工具，制作出"99"字样，填充色彩后调整透明度，使其效果更加自然），如图7-205所示。

（4）绘制数据线盖子上的图形。如图7-206所示，使用贝塞尔工具调整几何形状，制作遥控数据线的符号。调整符号大小和角度后，将其放入相应部位，并做透明度调整，使效果自然，如图7-207所示。添加遥控器接口符号，效果如图7-208所示。

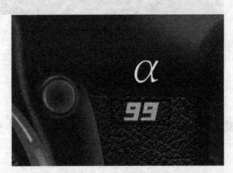
图7-205　制作"99"形状

图7-206　制作遥控数据线符号

图7-207　调整符号大小、角度及透明度

图7-208　添加遥控器接口符号

（5）如图7-209所示，画出GPS符号，再画出3个小黑孔，加上"GPS"字样，效果如图7-210所示。

（6）添加外界交流电源线接口文字，如图7-211所示。对照SONY α99照片发现，左侧后端还有一组数据线盖子。补充后，效果如图7-212所示。

第 7 章　CorelDRAW X6 产品设计表现实例二——单电相机

图 7-209　画出 GPS 符号

图 7-210　加上"GPS"字样

图 7-211　添加文字

图 7-212　补充数据线盖子

（7）添加机身右侧按钮上的文字和符号（注意：按钮上的文字可以使用文本工具生成；符号使用基本形状工具，结合形状编辑等操作完成。使用"排列"→"变换"命令做镜像，再使用"排列"→"添加透视"命令调整透视关系，得到最终效果），如图 7-213 所示。采用同样的方法，添加左侧旋钮上的文字和符号（操作方法比较简单，但较烦琐。在产品表现中，细节是决定效果的重要因素，通过细节表现技巧的培养，可以提高产品效果表现能力），效果如图 7-214 所示。

图 7-213　添加右侧按钮上的文字和符号

图 7-214　添加左侧旋钮上的文字和符号

（8）完成机身细节后，整体效果如图 7-215 所示。

7.6.2　镜头装饰细节表现

（1）添加镜头上的蔡司镜头标记。绘制基本形状，并添加蓝色，如图 7-216 所示。输入"ZEISS"，效果如图 7-217 所示。

图 7-215　机身整体效果

图 7-216　绘制形状并添加蓝色

（2）按住 Shift 键，同时选中蓝色图形和文字，然后使用透明度工具调整透明度，效果如图 7-218 所示。

图 7-217　输入文字

图 7-218　调整透明度

（3）添加镜头对焦方式旋钮上的"MF/AF"字符，如图 7-219 所示。
（4）使用字文本工具输入镜头前端的文字，如图 7-220 所示，并绘制文字的路径曲线，如图 7-221 所示。

图 7-219　添加字符

图 7-220　输入文字

（5）使用"文本"→"使文本适合路径"命令，将文字放置到路径上。在属性栏中，调整 1.5mm ，设置文字与路径的距离；调整 19.183mm ，设置文字在路径起始端的偏移量；通过 镜像文本： ，将文字做镜像，使文字放置的方向符合要求，效果如图 7-222 所示。
（6）选中文本，调整其大小符合要求，然后使用"排列"→"取消群组"命令将文本解组。分别选中单词，然后使用"排列"→"添加透视"命令调整单词的透视关系，如图 7-223 所示。最后，选中整个文本，使用透明度命令做出镜头环上的文字明暗变化效果，如图 7-224 所示。

图 7-221 绘制文字路径曲线

图 7-222 调整文字在路径上的位置

图 7-223 调整单词的透视关系

图 7-224 调整文字的明暗变化

7.7 整体效果调整

完成了相机整体效果的细化和装饰表现后,最后对整体效果进行调整,比如机身左侧相机背带吊环的制作,采用前面介绍的质感表现方法。至此,完成所有的制作,相机的整体效果如

图 7-225 所示。

图 7-225 制作完成的 SONY 相机效果

Appendix 1
附录1 Photoshop CS6 快捷键

1. 工具箱

若多种工具共用一个快捷键,可在按【Shift】键的同时,加按如下快捷键。

矩形、椭圆选框工具【M】
裁剪工具【C】
移动工具【V】
套索、多边形套索、磁性套索【L】
魔棒工具【W】
喷枪工具【J】
画笔工具【B】
橡皮图章、图案图章【S】
历史记录画笔工具【Y】
橡皮擦工具【E】
铅笔、直线工具【N】
模糊、锐化、涂抹工具【R】
减淡、加深、海绵工具【O】
钢笔、自由钢笔、磁性钢笔【P】
添加锚点工具【+】
删除锚点工具【-】
直接选取工具【A】
文字、文字蒙版、直排文字、直排文字蒙版【T】
度量工具【U】
直线渐变、径向渐变、对称渐变、角度渐变、菱形渐变【G】
油漆桶工具【K】
吸管、颜色取样器【I】
抓手工具【H】
缩放工具【Z】
默认前景色和背景色【D】
切换前景色和背景色【X】
切换标准模式和快速蒙版模式【Q】
标准屏幕模式、带有菜单栏的全屏模式、全屏模式【F】
临时使用移动工具【Ctrl】

临时使用吸色工具【Alt】
临时使用抓手工具【空格】
打开工具选项面板【Enter】
快速输入工具选项(当前工具选项面板中至少有一个可调节数字)【0】~【9】
循环选择画笔【[】或【]】
选择第一个画笔【Shift】+【[】
选择最后一个画笔【Shift】+【]】
建立新渐变(在"渐变编辑器"中)【Ctrl】+【N】

2. 文件操作

需要经常用到的快捷键。
新建图形文件【Ctrl】+【N】
用默认设置创建新文件【Ctrl】+【Alt】+【N】
打开已有的图像【Ctrl】+【O】
打开为…【Ctrl】+【Alt】+【O】
关闭当前图像【Ctrl】+【W】
保存当前图像【Ctrl】+【S】
另存为…【Ctrl】+【Shift】+【S】
存储副本【Ctrl】+【Alt】+【S】
页面设置【Ctrl】+【Shift】+【P】
打印【Ctrl】+【P】
打开"预置"对话框【Ctrl】+【K】
显示最后一次显示的"预置"对话框【Alt】+【Ctrl】+【K】
设置"常规"选项(在"预置"对话框中)【Ctrl】+【1】
设置"存储文件"(在"预置"对话框中)【Ctrl】+【2】
设置"显示和光标"(在"预置"对话框中)【Ctrl】+【3】
设置"透明区域与色域"(在"预置"对话框中)【Ctrl】+【4】
设置"单位与标尺"(在"预置"对话框中)【Ctrl】+【5】
设置"参考线与网格"(在"预置"对话框中)【Ctrl】+【6】
设置"增效工具与暂存盘"(在"预置"对话框中)【Ctrl】+【7】
设置"内存与图像高速缓存"(在"预置"对话框中)【Ctrl】+【8】

3. 图层混合模式

建议进阶时常用,也是正常的使用顺序。
循环选择混合模式【Alt】+【-】或【+】
正常【Ctrl】+【Alt】+【N】
阈值(位图模式)【Ctrl】+【Alt】+【L】
溶解【Ctrl】+【Alt】+【I】
背后【Ctrl】+【Alt】+【Q】
清除【Ctrl】+【Alt】+【R】
正片叠底【Ctrl】+【Alt】+【M】

屏幕【Ctrl】+【Alt】+【S】
叠加【Ctrl】+【Alt】+【O】
柔光【Ctrl】+【Alt】+【F】
强光【Ctrl】+【Alt】+【H】
颜色减淡【Ctrl】+【Alt】+【D】
颜色加深【Ctrl】+【Alt】+【B】
变暗【Ctrl】+【Alt】+【K】
变亮【Ctrl】+【Alt】+【G】
差值【Ctrl】+【Alt】+【E】
排除【Ctrl】+【Alt】+【X】
色相【Ctrl】+【Alt】+【U】
饱和度【Ctrl】+【Alt】+【T】
颜色【Ctrl】+【Alt】+【C】
光度【Ctrl】+【Alt】+【Y】
去色 海绵工具+【Ctrl】+【Alt】+【J】
加色 海绵工具+【Ctrl】+【Alt】+【A】
暗调 减淡/加深工具+【Ctrl】+【Alt】+【W】
中间调 减淡/加深工具+【Ctrl】+【Alt】+【V】
高光 减淡/加深工具+【Ctrl】+【Alt】+【Z】

4. 选择功能

经常用到的快捷键。
全部选取【Ctrl】+【A】
取消选择【Ctrl】+【D】
重新选择【Ctrl】+【Shift】+【D】
羽化选择【Ctrl】+【Alt】+【D】
反向选择【Ctrl】+【Shift】+【I】
路径变选区 数字键盘的【Enter】
载入选区【Ctrl】+点按图层、路径、通道面板中的缩略图
滤镜按上次的参数再做一次上次的滤镜【Ctrl】+【F】
退去上次所做滤镜的效果【Ctrl】+【Shift】+【F】
重复上次所做的滤镜(可调参数)【Ctrl】+【Alt】+【F】
选择工具(在"3D 变化"滤镜中)【V】
立方体工具(在"3D 变化"滤镜中)【M】
球体工具(在"3D 变化"滤镜中)【N】
柱体工具(在"3D 变化"滤镜中)【C】
轨迹球(在"3D 变化"滤镜中)【R】
全景相机工具(在"3D 变化"滤镜中)【E】

5. 视图操作

结合实际进行操作。其中,许多快捷键操作很少用到。

显示彩色通道【Ctrl】+【~】
显示单色通道【Ctrl】+【数字】
显示复合通道【~】
以 CMYK 方式预览(开关)【Ctrl】+【Y】
打开/关闭色域警告【Ctrl】+【Shift】+【Y】
放大视图【Ctrl】+【+】
缩小视图【Ctrl】+【-】
满画布显示【Ctrl】+【0】
实际像素显示【Ctrl】+【Alt】+【0】
向上卷动一屏【PageUp】
向下卷动一屏【PageDown】
向左卷动一屏【Ctrl】+【PageUp】
向右卷动一屏【Ctrl】+【PageDown】
向上卷动 10 个单位【Shift】+【PageUp】
向下卷动 10 个单位【Shift】+【PageDown】
向左卷动 10 个单位【Shift】+【Ctrl】+【PageUp】
向右卷动 10 个单位【Shift】+【Ctrl】+【PageDown】
将视图移到左上角【Home】
将视图移到右下角【End】
显示/隐藏选择区域【Ctrl】+【H】
显示/隐藏路径【Ctrl】+【Shift】+【H】
显示/隐藏标尺【Ctrl】+【R】
显示/隐藏参考线【Ctrl】+【;】
显示/隐藏网格【Ctrl】+【"】
贴紧参考线【Ctrl】+【Shift】+【;】
锁定参考线【Ctrl】+【Alt】+【;】
贴紧网格【Ctrl】+【Shift】+【"】
显示/隐藏"画笔"面板【F5】
显示/隐藏"颜色"面板【F6】
显示/隐藏"图层"面板【F7】
显示/隐藏"信息"面板【F8】
显示/隐藏"动作"面板【F9】
显示/隐藏所有命令面板【TAB】
显示或隐藏工具箱以外的所有调板【Shift】+【TAB】

6. 文字处理(在"文字工具"对话框中)
左对齐或顶对齐【Ctrl】+【Shift】+【L】
中对齐【Ctrl】+【Shift】+【C】
右对齐或底对齐【Ctrl】+【Shift】+【R】
左/右选择 1 个字符【Shift】+【←】/【→】
下/上选择 1 行【Shift】+【↑】/【↓】

选择所有字符【Ctrl】+【A】
选择从插入点到鼠标点按点的字符【Shift】
加点按左/右移动 1 个字符【←】/【→】
下/上移动 1 行【↑】/【↓】
左/右移动 1 个字【Ctrl】+【←】/【→】
将所选文本的文字大小减小 2 点像素【Ctrl】+【Shift】+【<】
将所选文本的文字大小增大 2 点像素【Ctrl】+【Shift】+【>】
将所选文本的文字大小减小 10 点像素【Ctrl】+【Alt】+【Shift】+【<】
将所选文本的文字大小增大 10 点像素【Ctrl】+【Alt】+【Shift】+【>】
将行距减小 2 点像素【Alt】+【↓】
将行距增大 2 点像素【Alt】+【↑】
将基线位移减小 2 点像素【Shift】+【Alt】+【↓】
将基线位移增加 2 点像素【Shift】+【Alt】+【↑】
将字距微调或字距调整减小 20/1000ems【Alt】+【←】
将字距微调或字距调整增加 20/1000ems【Alt】+【→】
将字距微调或字距调整减小 100/1000ems【Ctrl】+【Alt】+【←】
将字距微调或字距调整增加 100/1000ems【Ctrl】+【Alt】+【→】

7. 编辑操作

使用频率相当高的一组快捷键,能帮助用户节省很多操作时间。
还原/重做前一步操作【Ctrl】+【Z】
还原两步以上操作【Ctrl】+【Alt】+【Z】
重做两步以上操作【Ctrl】+【Shift】+【Z】
剪切选取的图像或路径【Ctrl】+【X】或【F2】
拷贝选取的图像或路径【Ctrl】+【C】
合并拷贝【Ctrl】+【Shift】+【C】
将剪贴板的内容粘贴到当前图形中【Ctrl】+【V】或【F4】
将剪贴板的内容粘贴到选框中【Ctrl】+【Shift】+【V】
自由变换【Ctrl】+【T】
应用自由变换(在自由变换模式下)【Enter】
从中心或对称点开始变换(在自由变换模式下)【Alt】
限制(在自由变换模式下)【Shift】
扭曲(在自由变换模式下)【Ctrl】
取消变形(在自由变换模式下)【Esc】
自由变换复制的像素数据【Ctrl】+【Shift】+【T】
再次变换复制的像素数据并建立一个副本【Ctrl】+【Shift】+【Alt】+【T】
删除选框中的图案或选取的路径【DEL】
用背景色填充所选区域或整个图层【Ctrl】+【BackSpace】或【Ctrl】+【Del】
用前景色填充所选区域或整个图层【Alt】+【BackSpace】或【Alt】+【Del】
弹出"填充"对话框【Shift】+【BackSpace】
从历史记录中填充【Alt】+【Ctrl】+【Backspace】

8. 图像调整

结合实际使用。使用频率虽不高，但是调整色阶、曲线、色彩平衡、色相饱和度这几个常用操作一定要熟记。

调整色阶【Ctrl】+【L】
自动调整色阶【Ctrl】+【Shift】+【L】
打开"曲线调整"对话框【Ctrl】+【M】
在所选通道的曲线上添加新的点（"曲线"对话框中）在图像中【Ctrl】+单击
在复合曲线以外的所有曲线上添加新的点（"曲线"对话框中）【Ctrl】+【Shift】+单击
移动所选点（"曲线"对话框中）【↑】/【↓】/【←】/【→】
以10点为增幅移动所选点（"曲线"对话框中）【Shift】+【箭头】
选择多个控制点（"曲线"对话框中）【Shift】+单击
前移控制点（"曲线"对话框中）【Ctrl】+【Tab】
后移控制点（"曲线"对话框中）【Ctrl】+【Shift】+【Tab】
添加新的点（"曲线"对话框中）单击网格
删除点（"曲线"对话框中）【Ctrl】+单击
取消选择所选通道上的所有点（"曲线"对话框中）【Ctrl】+【D】
使曲线网格更精细或更粗糙（"曲线"对话框中）【Alt】+单击
网格选择彩色通道（"曲线"对话框中）【Ctrl】+【~】
选择单色通道（"曲线"对话框中）【Ctrl】+【数字】
打开"色彩平衡"对话框【Ctrl】+【B】
打开"色相/饱和度"对话框【Ctrl】+【U】
全图调整（在"色相/饱和度"对话框中）【Ctrl】+【~】
只调整红色（在"色相/饱和度"对话框中）【Ctrl】+【1】
只调整黄色（在"色相/饱和度"对话框中）【Ctrl】+【2】
只调整绿色（在"色相/饱和度"对话框中）【Ctrl】+【3】
只调整青色（在"色相/饱和度"对话框中）【Ctrl】+【4】
只调整蓝色（在"色相/饱和度"对话框中）【Ctrl】+【5】
只调整洋红（在"色相/饱和度"对话框中）【Ctrl】+【6】
去色【Ctrl】+【Shift】+【U】
反相【Ctrl】+【I】

9. 图层操作

很好用的一些快捷键。当有几十个图层的时候，使用图层快捷键很方便。

从对话框新建一个图层【Ctrl】+【Shift】+【N】
以默认选项建立一个新的图层【Ctrl】+【Alt】+【Shift】+【N】
通过拷贝建立一个图层【Ctrl】+【J】
通过剪切建立一个图层【Ctrl】+【Shift】+【J】
与前一图层编组【Ctrl】+【G】
取消编组【Ctrl】+【Shift】+【G】
向下合并或合并连接图层【Ctrl】+【E】

合并可见图层【Ctrl】+【Shift】+【E】
盖印或盖印连接图层【Ctrl】+【Alt】+【E】
盖印可见图层【Ctrl】+【Alt】+【Shift】+【E】
将当前层下移一层【Ctrl】+【[】
将当前层上移一层【Ctrl】+【]】
将当前层移到最下面【Ctrl】+【Shift】+【[】
将当前层移到最上面【Ctrl】+【Shift】+【]】
激活下一个图层【Alt】+【[】
激活上一个图层【Alt】+【]】
激活底部图层【Shift】+【Alt】+【[】
激活顶部图层【Shift】+【Alt】+【]】
调整当前图层的透明度(当前工具为无数字参数的,如移动工具)【0】~【9】
保留当前图层的透明区域(开关)【/】
投影效果(在"效果"对话框中)【Ctrl】+【1】
内阴影效果(在"效果"对话框中)【Ctrl】+【2】
外发光效果(在"效果"对话框中)【Ctrl】+【3】
内发光效果(在"效果"对话框中)【Ctrl】+【4】
斜面和浮雕效果(在"效果"对话框中)【Ctrl】+【5】
应用当前所选效果,并使参数可调(在"效果"对话框中)【A】

Appendix 2 附录2 CorelDRAW X6 快捷键

显示导航窗口(Navigator window)【N】
运行 Visual Basic 应用程序的编辑器【Alt】+【F11】
保存当前的图形【Ctrl】+【S】
打开"编辑文本"对话框【Ctrl】+【Shift】+【T】
擦除图形的一部分或将一个对象分为两个封闭路径【X】
撤消上一次的操作【Ctrl】+【Z】
撤消上一次的操作【Alt】+【Backspase】
垂直定距对齐选择对象的中心【Shift】+【A】
垂直分散对齐选择对象的中心【Shift】+【C】
垂直对齐选择对象的中心【C】
将文本更改为垂直排布(切换式)【Ctrl】+【.】
打开一个已有绘图文档【Ctrl】+【O】
打印当前的图形【Ctrl】+【P】
打开"大小工具卷帘"【Alt】+【F10】
运行缩放动作,然后返回前一个工具【F2】
运行缩放动作,然后返回前一个工具【Z】
导出文本或对象到另一种格式【Ctrl】+【E】
导入文本或对象【Ctrl】+【I】
发送选择的对象到后面【Shift】+【B】
将选择的对象放置到后面【Shift】+【PageDown】
发送选择的对象到前面【Shift】+【T】
将选择的对象放置到前面【Shift】+【PageUp】
发送选择的对象到右面【Shift】+【R】
发送选择的对象到左面【Shift】+【L】
将文本对齐基线【Alt】+【F12】
将对象与网格对齐(切换)【Ctrl】+【Y】
对齐选择对象的中心到页中心【P】
绘制对称多边形【Y】
拆分选择的对象【Ctrl】+【K】
将选择对象的分散对齐舞台水平中心【Shift】+【P】
将选择对象的分散对齐页面水平中心【Shift】+【E】

打开"封套工具卷帘"【Ctrl】+【F7】
打开"符号和特殊字符工具卷帘"【Ctrl】+【F11】
复制选定的项目到剪贴板【Ctrl】+【C】
复制选定的项目到剪贴板【Ctrl】+【Ins】
设置文本属性的格式【Ctrl】+【T】
恢复上一次的"撤消"操作【Ctrl】+【Shift】+【Z】
剪切选定对象并将它放置在"剪贴板"中【Ctrl】+【X】
剪切选定对象并将它放置在"剪贴板"中【Shift】+【Del】
将字体大小减小为上一个字体大小设置【Ctrl】+小键盘【2】
将渐变填充应用到对象【F11】
结合选择的对象【Ctrl】+【L】
绘制矩形;双击该工具便可创建页框【F6】

打开"轮廓笔"对话框【F12】
打开"轮廓图工具卷帘"【Ctrl】+【F9】
绘制螺旋形;双击该工具,打开"选项"对话框的"工具框"标签【A】
启动"拼写检查器",检查选定文本的拼写【Ctrl】+【F12】
在当前工具和挑选工具之间切换【Ctrl】+【Space】
取消选择对象或对象群组所组成的群组【Ctrl】+【U】
显示绘图的全屏预览【F9】
将选择的对象组成群组【Ctrl】+【G】
删除选定的对象【Del】
将选择对象上对齐【T】
将字体大小减小为字体大小列表中的上一个可用设置【Ctrl】+小键盘【4】
转到上一页【PageUp】
将镜头相对于绘画上移【Alt】+【↑】
生成"属性栏"并对准可被标记的第一个可视项【Ctrl】+【Backspase】
打开"视图管理器工具卷帘"【Ctrl】+【F2】
在最近使用的两种视图质量间切换【Shift】+【F9】
用"手绘"模式绘制线条和曲线【F5】
使用该工具,通过单击及拖动来平移绘图【H】
按当前选项或工具显示对象或工具的属性【Alt】+【Backspase】
刷新当前的绘图窗口【Ctrl】+【W】
水平对齐选择对象的中心【E】
将文本排列改为水平方向【Ctrl】+【,】
打开"缩放工具卷帘"【Alt】+【F9】
缩放全部的对象到最大【F4】
缩放选定的对象到最大【Shift】+【F2】
缩小绘图中的图形【F3】
将填充添加到对象;单击并拖动对象,实现喷泉式填充【G】

打开"透镜工具卷帘"【Alt】+【F3】
打开"图形和文本样式工具卷帘"【Ctrl】+【F5】
退出 CorelDRAW 并提示保存活动绘图【Alt】+【F4】
绘制椭圆形和圆形【F7】
绘制矩形组【D】
将对象转换成网状填充对象【M】
打开"位置工具卷帘"【Alt】+【F7】
添加文本（单击添加"美术字"；拖动添加"段落文本"）【F8】
将选择对象下对齐【B】
将字体大小增加为字体大小列表中的下一个设置【Ctrl】+小键盘 6
转到下一页【PageDown】
将镜头相对于绘画下移【Alt】+【↓】
包含指定线性标注线属性的功能【Alt】+【F2】
添加/移除文本对象的项目符号（切换）【Ctrl】+M
将选定对象按照对象的堆栈顺序放置到向后一个位置【Ctrl】+【PageDown】
将选定对象按照对象的堆栈顺序放置到向前一个位置【Ctrl】+【PageUp】
使用"超微调"因子向上微调对象【Shift】+【↑】
向上微调对象【↑】
使用"细微调"因子向上微调对象【Ctrl】+【↑】
使用"超微调"因子向下微调对象【Shift】+【↓】
向下微调对象【↓】
使用"细微调"因子向下微调对象【Ctrl】+【↓】
使用"超微调"因子向右微调对象【Shift】+【←】
向右微调对象【←】
使用"细微调"因子向右微调对象【Ctrl】+【←】
使用"超微调"因子向左微调对象【Shift】+【→】
向左微调对象【→】
使用"细微调"因子向左微调对象【Ctrl】+【→】
创建新绘图文档【Ctrl】+【N】
编辑对象的节点；双击该工具，打开"节点编辑卷帘窗"【F10】
打开"旋转工具卷帘"【Alt】+【F8】
打开设置 CorelDRAW 选项的对话框【Ctrl】+【J】【Ctrl】+【A】
打开"轮廓颜色"对话框【Shift】+【F12】
给对象应用均匀填充【Shift】+【F11】
显示整个可打印页面【Shift】+【F4】
将选择对象右对齐【R】
将镜头相对于绘画右移【Alt】+【←】
再制选定对象，并以指定的距离偏移【Ctrl】+【D】
将字体大小增加为下一个字体大小设置。【Ctrl】+小键盘【8】
将"剪贴板"的内容粘贴到绘图中【Ctrl】+【V】

将"剪贴板"的内容粘贴到绘图中【Shift】+【Ins】
启动"这是什么?"帮助【Shift】+【F1】
重复上一次操作【Ctrl】+【R】
转换美术字为段落文本,或反过来转换【Ctrl】+【F8】
将选择的对象转换成曲线【Ctrl】+【Q】
将轮廓转换成对象【Ctrl】+【Shift】+【Q】
使用固定宽度、压力感应、书法式或预置的"自然笔"样式来绘制曲线【I】
左对齐选定的对象【L】
将镜头相对于绘画左移【Alt】+【→】
文本编辑显示所有可用/活动的 HTML 字体大小的列表【Ctrl】+【Shift】+【H】
将文本对齐方式更改为不对齐【Ctrl】+【N】
在绘画中查找指定的文本【Alt】+【F3】
更改文本样式为粗体【Ctrl】+【B】
将文本对齐方式更改为行宽的范围内分散文字【Ctrl】+【H】
更改选择文本的大小写【Shift】+【F3】
将字体大小减小为上一个字体大小设置【Ctrl】+小键盘【2】
将文本对齐方式更改为居中对齐【Ctrl】+【E】
将文本对齐方式更改为两端对齐【Ctrl】+【J】
将所有文本字符更改为小型大写字符【Ctrl】+【Shift】+【K】
删除文本插入记号右边的字【Ctrl】+【Del】
删除文本插入记号右边的字符【Del】
将字体大小减小为字体大小列表中上一个可用设置【Ctrl】+小键盘【4】
将文本插入记号向上移动一个段落【Ctrl】+【↑】
将文本插入记号向上移动一个文本框【PageUp】
将文本插入记号向上移动一行【↑】
添加/移除文本对象的首字下沉格式(切换)【Ctrl】+【Shift】+【D】
选定"文本"标签,打开"选项"对话框【Ctrl】+【F10】
更改文本样式为带下划线样式【Ctrl】+【U】
将字体大小增加为字体大小列表中的下一个设置【Ctrl】+小键盘【6】
将文本插入记号向下移动一个段落【Ctrl】+【↓】
将文本插入记号向下移动一个文本框【PageDown】
将文本插入记号向下移动一行【↓】
显示非打印字符【Ctrl】+【Shift】+【C】
向上选择一段文本【Ctrl】+【Shift】+【↑】
向上选择一个文本框【Shift】+【PageUp】
向上选择一行文本【Shift】+【↑】
向上选择一段文本【Ctrl】+【Shift】+【↑】
向上选择一个文本框【Shift】+【PageUp】
向上选择一行文本【Shift】+【↑】
向下选择一段文本【Ctrl】+【Shift】+【↓】

向下选择一个文本框【Shift】+【PageDown】
向下选择一行文本【Shift】+【↓】
更改文本样式为斜体【Ctrl】+【I】
选择文本结尾的文本【Ctrl】+【Shift】+【PageDown】
选择文本开始的文本【Ctrl】+【Shift】+【PageUp】
选择文本框开始的文本【Ctrl】+【Shift】+【Home】
选择文本框结尾的文本【Ctrl】+【Shift】+【End】
选择行首的文本【Shift】+【Home】
选择行尾的文本【Shift】+【End】
选择文本插入记号右边的字【Ctrl】+【Shift】+【←】
选择文本插入记号右边的字符【Shift】+【←】
选择文本插入记号左边的字【Ctrl】+【Shift】+【→】
选择文本插入记号左边的字符【Shift】+【→】
显示所有绘画样式的列表【Ctrl】+【Shift】+【S】
将文本插入记号移动到文本开头【Ctrl】+【PageUp】
将文本插入记号移动到文本框结尾【Ctrl】+End
将文本插入记号移动到文本框开头【Ctrl】+【Home】
将文本插入记号移动到行首【Home】
将文本插入记号移动到行尾【End】
移动文本插入记号到文本结尾【Ctrl】+【PageDown】
将文本对齐方式更改为右对齐【Ctrl】+【R】
将文本插入记号向右移动一个字【Ctrl】+【←】
将文本插入记号向右移动一个字符【←】
将字体大小增加为下一个字体大小设置【Ctrl】+小键盘【8】
显示所有可用/活动字体粗细的列表【Ctrl】+【Shift】+【W】
显示一张包含所有可用/活动字体尺寸的列表【Ctrl】+【Shift】+【P】
显示一张包含所有可用/活动字体的列表【Ctrl】+【Shift】+【F】
将文本对齐方式更改为左对齐【Ctrl】+【L】
将文本插入记号向左移动一个字【Ctrl】+【→】
将文本插入记号向左移动一个字符【→】

参 考 文 献

[1] 高旺. Photoshop CS6 超级手册[M]. 北京：人民邮电出版社,2013.
[2] 杜鹤民. 信息化视阈下数字艺术与手绘表现的并存与互补[J]. 安徽工业大学学报(社会科学版),2014(1)：49-51.
[3] 任文营,刘超. Photoshop CS6 完全自学手册[M]. 北京：人民邮电出版社,2015.
[4] Caplin,Steve. How to Cheat in Photoshop CS6：The art of Creating Realistic Photomontages[M]. Focal Press,2012.
[5] 陈志民. 中文版 CorelDRAW X6 完美互动手册[M]. 北京：清华大学出版社,2014.
[6] 杜鹤民. 基于计算机辅助设计的产品设计表达教学改革研究[J]. 课程教育研究,2014(4)：98-99.
[7] 周建国. 中文版 CorelDRAW X6 学习手册[M]. 北京：人民邮电出版社,2013.
[8] Bouton,Gary David. CorelDRAW X6 the Official Guide[M]. McGraw-Hill Education,2012.

参考文献

[1] 路双. Photoshop CS6 图像处理[M]. 北京: 人民邮电出版社, 2013.
[2] 杨智阔. 浅谈电脑图形设计艺术专业核心能力的养成方式[J]. 设备工业大学学报(社会科学版), 2014 (1): 49-51.
[3] 任之菲, 刘超. Photoshop CS6 完全自学手册[M]. 北京: 人民邮电出版社, 2015.
[4] Caplin Steve. How to Cheat in Photoshop CS6: The art of Creating Realistic Photomontages [M]. Focal Press, 2012.
[5] 陈春花. 中文版 CorelDRAW X6 完全自学手册[M]. 北京: 清华大学出版社, 2014.
[6] 张丽红. 基于计算机辅助设计的产品设计开发教学改革研究[J]. 课程教育研究, 2014(4): 58-60.
[7] 陈志民. 中文版 CorelDRAW X6 实例教程[M]. 北京: 人民邮电出版社, 2012.
[8] Bouton Gary David. CorelDRAW X6 the Official Guide [M]. McGraw Hill Education, 2012.